Marco Heckhoff
Vom Acker zum Ofen – Die Hausmüllentsorgung von den 1880er Jahren bis 1914

Bochumer Studien zur Technik- und Umweltgeschichte
herausgegeben von Helmut Maier

Band 1

In den ersten Jahrzehnten des 20. Jahrhunderts standen die Taten „großer Ingenieure", später auch die technischen Entwicklungen der Industrieunternehmen im Fokus der Technikgeschichte. Der Direktor des VDI, Conrad Matschoß (1871–1942), bemühte sich um ihre Etablierung an den Technischen Hochschulen. Ab den 1960er Jahren wandelte sich die Technikgeschichte zur historischen Disziplin, die Ursachen und Folgen der Technik in ihrem sozio-ökonomischen Kontext zu analysieren suchte. Sichtbarer Ausdruck dieses Wandels war die Gründung des Lehrstuhls für Wirtschafts- und Technikgeschichte an der Fakultät für Geschichtswissenschaft der Ruhr-Universität Bochum im Jahre 1966.

Die Herausbildung der Umweltgeschichte als historische Teildisziplin ab den 1980er Jahren war vor allem der Technikgeschichte zu verdanken. Die Umweltgeschichte profitierte vom Aufstieg des Problemkomplexes Umwelt im gesellschaftspolitischen Diskurs. Noch stärker als die Technikgeschichte versteht sich die Umweltgeschichte an den Hochschulen heute als Brückenfach zwischen den Technik-, Natur- und Geisteswissenschaften. Die Ruhr-Universität Bochum trug dieser Entwicklung mit der Umwidmung der Wirtschafts- und Technikgeschichte zur Technik- und Umweltgeschichte im Jahre 2006 Rechnung.

Die Bochumer Reihe zur Technik- und Umweltgeschichte führt historische Studien zusammen, die dem Charakter der Disziplin als multidisziplinärem Brückenfach entsprechend auch wissenschafts- und wirtschaftshistorische Fragestellungen bearbeiten. Dazu zählen nicht nur an der Ruhr-Universität Bochum entstandene qualifizierende Arbeiten, sondern auch solche mit regionalem Fokus auf dem Ruhrgebiet. Hinzu kommen Studien und Tagungsbände, die aus der Kooperation des Lehrstuhls für Technik- und Umweltgeschichte mit anderen Institutionen sowie aus dem weiteren Umfeld der historischen Ausschüsse der technisch-wissenschaftlichen Vereine hervorgehen.

Marco Heckhoff

Vom Acker zum Ofen

Die Hausmüllentsorgung
von den 1880er Jahren bis 1914

Die Arbeit entstand Ende des Jahres 2009 zur Erlangung des Grades des Master of Arts am Historischen Institut der Ruhr-Universität Bochum. Für die Veröffentlichung wurde der Text in Teilen überarbeitet und punktuell dem aktuellen Wissensstand angepasst. Grundlage bleibt jedoch die Beschäftigung mit der Thematik aus dem Jahre 2009.

1. Auflage Oktober 2013
Titelabbildung: Staubfreier Kehrrichtabfuhrwagen ohne mechanische Vorrichtung, München, Jahrhundertwende (1900). Aus: Fodor, Etienne de: Elektrizität aus Kehricht, Budapest 1911, S. 204.
Umschlaggestaltung: Volker Pecher, Essen
Redaktion: Nikolai Ingenerf, Bochum
Satz, Druck und Bindung: Griebsch & Rochol Druck GmbH & Co. KG, Hamm
ISBN 978-3-8375-0890-1
© Klartext Verlag, Essen 2013

www.klartext-verlag.de

Inhalt

Einleitung

Die im Laufe des 19. Jahrhunderts in Deutschland einsetzende Industrialisierung markierte in vielerlei Hinsicht „einen neuen Zeitabschnitt"[1] und zog eine Fülle von Veränderungen in den verschiedensten Bereichen nach sich. Ein Spiegelbild für die Entwicklung von einer agrarisch zu einer industriell geprägten Gesellschaft war der Prozess der Urbanisierung.

Im 19. Jahrhundert wuchsen die deutschen Städte in einem rasanten Tempo.[2] Zudem entstanden Industriezentren dort, wo bis zur Mitte des Jahrhunderts – wie beispielsweise im Ruhrgebiet – hauptsächlich noch Ackerbau und Viehzucht betrieben wurde. Diese Entwicklung hatte weit reichende Folgen. Der Trennung von Wohnen und Arbeit folgte zwangsläufig, begünstigt durch die einsetzende Industrialisierung der Lebensmittel, eine zunehmende Abkehr von der Selbstversorgung. Die Konservendose[3] hatte gewissermaßen die Hinterhofstallungen ersetzt. Durch das rasante Wachstum, auf das die Stadtverwaltungen meist nur reagieren konnten, statt lenkend einzugreifen, waren die hygienischen Bedingungen in den Städten miserabel. Menschen lebten auf engstem Raum, Tierkadaver verwesten auf der Straße, Pferdemist von den Fuhrwerken lag überall herum, in den Häusern lebte ein Vielzahl von Ungeziefer und die vorhandenen Müllgruben auf den städtischen Hinterhöfen rochen, vor allem in den Sommermonaten, bestialisch.[4] Folgen dieser Lebensbedingungen waren Krankheiten, die sich häufig zu Epidemien ausweiteten. Noch bis zur Jahrhundertwende traten solche Massenerkrankungen in regelmäßigen Abständen auf.[5]

---

1 Kleinschmidt, Christian: Technik und Wirtschaft im 19. und 20. Jahrhundert, München 2007, S. 1.

2 Beispielsweise verdoppelte sich die Einwohnerzahl Berlins zwischen 1820 und 1850 und verdreifachte sich bis 1880 auf über eine Million; Rüb, Renate: Müll und Stadthygiene um 1900. Über Entstehung und Entsorgung eines neuen Problems, in: Köstering, Susanne; Rüb, Renate (Hg.): Müll von gestern? Eine umweltgeschichtliche Erkundung in Berlin und Brandenburg, Münster 2003 (= Cottbuser Studien zur Geschichte von Technik, Arbeit und Umwelt, Bd. 20), S. 19-29, hier S. 20.

3 Zur Geschichte der Konservendose vgl. Flick, Hermann: 150 Jahre Konservendose. Ein geschichtlicher Rückblick über das Werden und Wachsen der Konservennahrung, in: Die industrielle Obst- und Gemüseverwertung 45 (1960), Heft 5, S. 87-100.

4 Zu den hygienischen Zuständen in der Großstadt des 19. Jahrhunderts vgl. Evans, Richard J.: Tod in Hamburg. Stadt, Gesellschaft und Politik in den Cholera-Jahren 1830–1910, München 1991, S. 155-173.

5 So gab es beispielsweise 1892 noch eine große Choleraepidemie in Hamburg und 1901 eine Typhusepidemie in Gelsenkirchen. Zu Hamburg vgl. Ebd., zu Gelsenkirchen vgl. Emmerich, Rudolf; Wolter, Friedrich: Die Entstehungsursachen der Gelsenkirchener Typhusepidemie von 1901, München 1906.

Als Reflex auf diese hygienischen Bedingungen entstand in der zweiten Hälfte des 19. Jahrhunderts die bürgerliche Hygienebewegung,[6] die sich zum Ziel setzte, eben diese Missstände zu beseitigen. Zu den Protagonisten dieser Bewegung, die sich aus Ärzten, Biologen, Chemikern, städtischen Beamten, Bauingenieuren und Technikern zusammensetzte, zählten Max von Pettenkofer[7] und Robert Koch.[8] Zunehmend etablierte sich die Hygiene auch als wissenschaftliche Disziplin an den Universitäten,[9] und es gründeten sich Vereine wie der Verein für Öffentliche Gesundheitspflege im Jahr 1873. Auf staatlicher Ebene rückten die hygienischen Missstände, auch aufgrund des Druckes der bürgerlichen Hygienebe-

6 Auch die bürgerliche Hygienebewegung hatte ihre Vorläufer in England, da dort die Folgen der Industrialisierung einige Jahrzehnte früher auftauchten, Rüb: Stadthygiene um 1900, S. 23.

7 Max Josef von Pettenkofer (1818-1901) war Hygieniker, Physiologe und Epidemiologe. Nach einer Apothekerlehre studierte er Medizin und Chemie in München und Gießen. Zu seinen Lehrern gehörte Justus von Liebig (1803-1873). 1847 wurde er auf den Lehrstuhl für Medizinische Chemie an der Universität München berufen, ab 1865 Lehrstuhl für Hygiene an der Universität München. 1879 Leiter des neugeschaffenen Hygieneinstituts, das der wissenschaftlichen Disziplin zum Durchbruch verhalf. 1867 bis 1883 sorgte er für die hygienische Sanierung der Stadt München durch eine europaweit vorbildliche Trinkwasserversorgung und Einführung der Schwemmkanalisation. Pettenkofers „Grundwasserhypothese" besagt, dass nicht nur Mikroorganismen, sondern auch ein sinkender Grundwasserspiegel für die Ausbreitung von Epidemien verantwortlich sei. Obgleich er die von Koch entdeckten Choleraerreger anerkannte, hielt er an seiner These fest, dass nicht ausschließlich Mikroorganismen für die Erkrankungen verantwortlich seien; Wormer, Eberhard J.: Max von Pettenkofer, in: NDB, Bd. 20, Berlin 2001, S. 271-273.

8 Robert Koch (1843-1910) war Mediziner, Hygieniker und Bakteriologe. Koch studierte in Göttingen Naturwissenschaften und Medizin, arbeitete nach dem Studium in verschiedenen Städten als Arzt und nahm als solcher auch am Deutsch-Französischen Krieg von 1870/71 teil. Ab 1880 arbeitete er am Kaiserlichen Gesundheitsamt und erhielt dort sein eigenes Labor zur Erforschung von Krankheitserregern. 1882 identifizierte er den Tuberkelbazillus, dessen Entdeckung ihn berühmt machte, und 1883 den Choleraerreger. 1885 bekam er die neugeschaffene Professur für Hygiene an der Berliner Universität und wurde Leiter des ebenfalls neuen Hygiene-Instituts. 1891 wurde er Direktor des neugegründeten Instituts für Infektionskrankheiten in Berlin und gab sowohl seine Professur als auch die Leitung des Hygiene-Instituts auf, blieb der Universität jedoch als Honorarprofessor erhalten. In dieser Zeit widmete er sich vor allem der Erforschung der Tuberkulose. Für diese Arbeit erhielt er 1905 den Nobelpreis. Bis zu seinem Tod 1910 unternahm er zahlreiche Forschungsreisen nach Afrika, Asien und in die USA; Kümmel, Werner Friedrich: Robert Koch, in: NDB, Bd. 12, Berlin 1980, S. 251-255.

9 Erster Lehrstuhl für Hygiene unter der Leitung von Pettenkofer in München im Jahre 1865. Zur Entwicklung der Hygiene als wissenschaftliche Disziplin vgl. Eulner, Hans-Heinz: Hygiene als akademisches Fach, in: Artelt, Walter (Hg.): Städte-, Wohnungs-, und Kleidungshygiene des 19. Jahrhunderts in Deutschland, Stuttgart 1969, S. 17-31.

wegung, zunehmend in den Vordergrund, so dass im Jahre 1876 in Berlin das Kaiserliche Gesundheitsamt seine Arbeit aufnahm.[10]

Ab den 1880er Jahren wurde auch das Hausmüllproblem der Städte als Missstand wahrgenommen, da sich nicht nur seine Quantität, sondern durch das geänderte Konsumverhalten auch seine Qualität verändert hatte. Neben diesem geänderten Verhalten des Konsumenten hatte auch die Trennung des Hausmülls von den Fäkalien durch die Schwemmkanalisation Auswirkungen auf die Qualität des Hausmülls, der nun einen weitaus geringeren Dungwert besaß. Bestehende vorindustrielle Systeme der Müllbeseitigung reichten nicht mehr aus, so dass neue Lösungsansätze entwickelt bzw. alte Systeme modifiziert werden mussten. Im Zentrum der Diskussion stand die Frage „Verwerten oder Vernichten?", da eine Deponierung aus hygienischen Gründen absolut inakzeptabel war und nicht als Lösungsansatz in Frage kam. Wie bei der Industrialisierung und Urbanisierung hielt England in Bezug auf die Müllfrage eine Vorreiterrolle inne. Dort war das Müllproblem bereits zwei Jahrzehnte früher ins öffentliche Bewusstsein gelangt, so dass Müllverbrennungsanlagen dort schon ab den 1870er Jahren entstanden. Tatsächlich vollzog sich auch im Bereich der Entsorgungsproblematik ein Technologietransfer von England nach Deutschland.

Obgleich das Hausmüllproblem in engem Zusammenhang mit wissenschaftlichen Grundlagen, technischen Möglichkeiten, wirtschaftlichen Aspekten und gesellschaftlichen Interessen steht, also für viele wissenschaftliche Disziplinen relevant ist, wurde es von der historischen Forschung bislang kaum berücksichtigt. Die Hausmüllentsorgung des ausgehenden 19. Jahrhunderts fristet in gewisser Weise ein Schattendasein, da sie stets hinter den großen technischen Innovationen auf dem Gebiet der Hygiene, der Versorgung mit sauberem Trinkwasser und vor allem der Schwemmkanalisation zurücksteht.[11] Erst in den 1990er Jahren begann „vor dem Hintergrund des aktuellen Müllnotstands"[12] eine erste Beschäftigung mit den Anfängen der Müllproblematik im 19. Jahrhundert aus technik- und umwelthistorischer Perspektive.[13] Im Jahre 2003 erschien dann in der Reihe „Cott-

10 Vgl. ausführlich Hüntelmann, Axel C.: Hygiene im Namen des Staates. Das Reichsgesundheitsamt 1876–1933, Göttingen 2008.

11 Sowohl Münchs Untersuchung der Stadthygiene Münchens als auch Mohajeris Arbeit zur Berliner Wasser- und Abwasserentsorgung thematisieren das Hausmüllproblem nur am Rande; Münch, Peter: Stadthygiene im 19. und 20. Jahrhundert, Göttingen 1993 (= Schriftenreihe der Historischen Kommission bei der Bayerischen Akademie der Wissenschaften, Bd. 49); Mohajeri, Shahrooz: 100 Jahre Berliner Wasserversorgung und Abwasserentsorgung 1840–1940, Stuttgart 2005 (= Blickwechsel. Schriftenreihe des Zentrum Technik und Gesellschaft der TU Berlin, Bd. 2).

12 Lindemann, Carmelita: Die Anfänge der Müllverbrennung, in: Wechselwirkung 54 (1992), S. 18-21, hier S. 18.

13 Ebd., sowie Lindemann, Carmelita: Verbrennung oder Verwertung: Müll als Problem um die Wende vom 19. zum 20. Jahrhundert, in: Technikgeschichte 59 (1992), S. 91-107.

buser Studien zur Geschichte von Technik, Arbeit und Umwelt" ein Sammelband unter dem Titel „Müll von gestern?", in dem aus umwelthistorischer Sicht die Müllprobleme Berlins seit dem 19. Jahrhundert untersucht wurden. Aber auch die Beiträge dieser Veröffentlichung bilden lediglich eine Wiederaufnahme der Ergebnisse einer interdisziplinären Projektarbeit von Studierenden der TU Berlin in der Gruppe „smög – StudentInnen machen Ökologie-Geschichte" unter der Schirmherrschaft von Prof. Dr. Reinhard Rürup aus den Jahren 1992 und 1993.[14] Darüber hinaus finden sich einige wenige regional orientierte Zeitschriftenveröffentlichungen oder kommunale Festschriften.

Anders ist es in der Volkskunde oder Kulturgeschichte. Dort fand mehr oder minder eine kontinuierliche Beschäftigung mit der vorliegenden Thematik statt. Im Jahre 1987 veröffentlichte Hösel die Arbeit „Unser Abfall aller Zeiten – Eine Kulturgeschichte der Städtereinigung", in der er deskriptiv und wenig analytisch die Geschichte des Abfalls von prähistorischer Zeit bis in die Moderne aufzeigt.[15] Ähnliche Veröffentlichungen, in denen stets das Müll-Mensch-Verhältnis im Vordergrund steht, folgten.[16]

Erst das im Jahre 2010 von der Sase[17] in Iserlohn als erster Band in der Reihe „Urbaner Umweltschutz" veröffentlichte Werk mit dem Titel „Asche, Kehricht, Saubermänner..."[18] beschreibt das hier bearbeitete Thema anhand von einigen wenigen Quellen, es zeichnet sich vor allem durch seine reichhaltige Bebilderung aus, bleibt inhaltlich allerdings meist an der Oberfläche. Dass eine so geringe Beschäftigung mit dem Müllproblem des 19. Jahrhunderts stattfand, wundert vor allem aufgrund der guten Quellensituation. Es gibt ein Dutzend Monografien aus dem Untersuchungszeitraum, welche meist als Hilfsmittel für die Wahl des günstigsten Systems für die städtischen Verwaltungsbeamten bzw. als Lehrbuch für Fachschulen gedacht waren. Hinzu kommen Berichte von städtischen Beamten, die nach England reisten, um die bestehenden Systeme zu begutachten, und es lassen sich detaillierte technische Beschreibungen der Anlagen finden. Nicht zuletzt gibt es eine Reihe

14 Köstering, Susanne; Rüb, Renate: Müll von gestern? Eine umweltgeschichtliche Erkundung in Berlin und Brandenburg, Münster (u. a.) 2003 (= Cottbuser Studien zur Geschichte von Technik, Arbeit und Umwelt, Bd. 20).

15 Hösel, Gottfried: Unser Abfall aller Zeiten. Eine Kulturgeschichte der Städtereinigung, München 1987.

16 Vgl. exemplarisch Windmüller, Sonja: Die Kehrseite der Dinge. Müll, Abfall, Wegwerfen als kulturwissenschaftliches Problem, Münster 2004.

17 Die Gesellschaft zur Förderung und Sammlung aus Städtereinigung und Entsorgung (Sase) in Iserlohn wurde 1997 auf Betreiben von Firmen aus der Entsorgungsbranche gegründet und wird nach wie vor in der Hauptsache von diesen finanziert.

18 Breer, Ralf; Mlodoch, Stephan; Willms, Hanskarl: Asche, Kehricht, Saubermänner – Stadtentwicklung, Stadthygiene und Städtereinigung in Deutschland bis 1945, Iserlohn 2010.

von Beiträgen in den verschiedensten Zeitschriften, in denen die Hausmüllfrage diskutiert wurde.[19] Zweifellos handelt es sich bei den Zeitschriften um Schlüsselquellen, da dort die zeitgenössische Diskussion gut nachvollzogen werden kann. Somit dient vor allem die Literatur des ausgehenden 19. Jahrhunderts als Basis der vorliegenden Arbeit, denn in „den Fachzeitschriften wurde heftig um die optimale Entsorgung gerungen.“[20] Überdies wurden einige Archivalien des Duisburger und des Wuppertaler Stadtarchivs ausgewertet.[21]

Eine umwelthistorische Untersuchung, deren Gegenstand die Stadt ist, muss sich zwangsläufig auch mit Methoden der Umweltgeschichte auseinandersetzen,[22] die genau jene zum Kern ihres Ansatzes machen. Cronons Monumentalwerk über die Geschichte der Stadt Chicago und ihre Bedeutung für die Erschließung des Mittleren Westens der USA beinhaltet die Untersuchung von Ressourcenströmen zwischen Stadt und Land.[23] Einen auf den ersten Blick ähnlichen Ansatz vertritt seit den 1990er Jahren eine Gruppe österreichischer Wissenschaftler.[24] Sie nehmen unter den Schlagworten Metabolismus und Kolonisierung der Natur gesellschaftliche Stoff- und Energieströme in den Blick.[25] Ob sich diese Ansätze als fruchtbringend für den Themenkomplex Hausmüll erweisen, wird herauszustellen sein.

Das Buch setzt sich zum Ziel, folgende Fragen zu beantworten:

- Konnten die aus vorindustrieller Zeit bereits bestehenden Entsorgungssysteme modifiziert und an die neuen Rahmenbedingungen angepasst werden?
- Welche neuen Systeme wurden entwickelt?

19 Zentral sind vor allem die „Zeitschrift für Öffentliche Gesundheitspflege“ und „Der Gesundheits-Ingenieur“, eine geringere Bedeutung haben das „Jahrbuch der Deutschen Landwirtschaftsgesellschaft“, die „Zeitschrift für Hygiene“, die „Zeitschrift des Internationalen Vereins gegen Verunreinigung der Flüsse, des Bodens und der Luft“ sowie das „Archiv für Hygiene“.
20 Lindemann: Müllverbrennung, S. 18.
21 Straßenreinigung, Abfuhrwesen, Müllkippen der Stadt Wuppertal, Stadtarchiv Wuppertal Bestand G (Bauwesen) III; Reinigungsamt der Stadt Duisburg, Stadtarchiv Duisburg Bestand 700; ich danke Herrn Dr. Michael Kanter (Duisburg) für die freundliche Unterstützung.
22 Obgleich nur wenige spezifische umwelthistorische Methoden existieren; Winiwarter, Verena; Knoll, Martin: Umweltgeschichte. Eine Einführung, Köln 2007, S. 71.
23 Gemeint ist hierbei Cronons Ansatz zur Untersuchung der Ressourcenströme zwischen Stadt und Umgebung; Cronon, William: Nature's Metropolis. Chicago and the Great West, New York (u. a.) 1991.
24 Es handelt sich um die Wiener Forschergruppe der Abteilung Soziale Ökologie des Instituts für Interdisziplinäre Forschung und Fortbildung (IFF) um Marina Fischer-Kowalski und Verena Winiwarter; Fischer-Kowalski, Marina; Haberl, Helmut; Hüttler, Walter: Gesellschaftlicher Stoffwechsel und Kolonisierung von Natur. Ein Versuch in sozialer Ökologie, Amsterdam 1997.
25 Gelegentlich wird in diesem Zusammenhang auch vom MEFA-Ansatz (material and energy flow accounting) gesprochen; Uekötter, Frank: Umweltgeschichte im 19. und 20. Jahrhundert, München 2007 (= Enzyklopädie Deutscher Geschichte, Bd. 81), S. 58 f.

- Wer waren die Akteure, die Einfluss auf diese Prozesse ausübten?
- Wie groß war der Einfluss einzelner Interessengruppen auf die Durchsetzung bzw. das Scheitern eines Ansatzes?
- Welche Lösung setzte sich zum Ende des langen 19. Jahrhunderts schließlich durch?

Bezogen auf den letzten Punkt soll vor allem Lindemanns These, dass sich die Deponierung als wirtschaftlich unschlagbare Lösung durchsetzte, genauer diskutiert werden.[26]
In einem ersten Methodenkapitel werden Cronons Ansatz und das Metabolismuskonzept erläutert und gefragt, inwiefern diese für die folgende Untersuchung von Nutzen sind. Im zweiten Kapitel werden der Gegenstand sowie der zeitliche Rahmen der Fragestellung definiert. Das darauffolgende Kapitel widmet sich der Geschichte der Sammlung des Hausmülls in den Haushalten und der Abfuhr. Der vierte Abschnitt befasst sich mit der Modifizierung bereits bekannter Systeme, der landwirtschaftlichen Nutzung und der Rohstoffrückgewinnung durch Sortierung, bevor im fünften Kapitel die Entwicklung neuer Systeme im Fokus steht. Das letzte Kapitel beschäftigt sich mit dem Jahr 1905, das in der bisherigen Forschung als Wendejahr bezeichnet wird. Abschließend und zusammenfassend folgt ein kurzes Fazit.[27]

26 Lindemann: Verbrennung, S. 101 f.
27 Zunächst sollte die vorliegende Arbeit chronologisch in einzelne Phasen (landwirtschaftliche Nutzung – Verbrennung – Sortierung) gegliedert werden, ein derartiges Vorgehen stieß jedoch zunehmend an seine Grenzen, da es sich meist um fließende Übergänge und Parallelentwicklungen handelt. So liegen die modifizierten Systeme des Sortierens und der Verwendung in der Landwirtschaft auf verschiedenen Ebenen relativ eng beieinander, obgleich sie chronologisch durch die Entwicklung der Müllverbrennung getrennt wurden, so dass eine thematische Gliederung hier als sinnvoller erachtet werden kann.

Methoden und Konzepte

Cronons Ansatz einer „Metropole der Natur"

„Nature's Metropolis", Cronons Werk über die Ressourcenströme zwischen Stadt und Umland (country) im 19. Jahrhundert, in der er in provokanter Weise Chicago als die „Metropole der Natur" bezeichnet, gilt als eine der ersten umwelthistorischen Untersuchungen, die sich bewusst von bestehenden Denkmustern löste. Cronon versteht den Mittleren Westen der USA nicht mehr als „romantische" Natur, sondern als einen ebenso vom Menschen transformierten Raum wie die Stadt. Er löst die Grenzen zwischen „natural" und „unnatural", zwischen „human" und „unhuman" völlig auf. Sie sind nicht länger „Gegenpole", sondern eine Einheit. Diese Abkehr von mental-romantisch konstruierten Grenzen ermöglicht ihm einen Blick auf das Verhältnis zwischen Mensch und Erde, auf die Metropole der Natur.[28]

Eine solche Untersuchung hat, bezogen auf Europa, noch keine wirkliche Nachahmung gefunden, was vermutlich mit den Dimensionen des Raumes zusammenhängt.[29] In Europa fand auf Grund der relativen räumlichen Enge häufig ein wechselseitiger Zugriff verschiedener Städte auf ein und denselben Raum statt, während für den Mittleren Westen im 19. Jahrhundert lediglich eine Großstadt, nämlich Chicago, als Referenzpunkt von Bedeutung war. Zudem spielte in Europa auch der seit Jahrhunderten praktizierte Handel mit dem Rest der Welt eine weitaus größere Rolle als an den Great Lakes. Europäische Städte wie London, Amsterdam, Hamburg und Berlin lagen so dicht beieinander, dass Ressourcenströme zweifellos stark ineinander verflochten waren.

Obgleich auch der Müll ein Produkt urbaner Transformationsprozesse ist und sich im Stadt-Land Verhältnis bewegt, bleibt Cronons Ansatz für die vorliegende Arbeit lediglich anregend. Zum einen ist Müll nur ein Bestandteil des Stoffkreislaufs zwischen Stadt und Land, der zudem von Cronon kaum thematisiert wird, zum Anderen untersucht die vorliegende Arbeit nicht nur eine einzelne Stadt, sondern die Hausmüllentsorgung im Deutschland des ausgehenden 19. Jahrhunderts generell. Abgesehen davon muss Cronons Ansatz jedoch als höchst wertvoll für die Umweltgeschichte betrachtet werden. Auch die Bewältigung des Müllproblems im 19. Jahrhundert wird zeigen, dass Grenzen zwischen Stadt und Land bezüglich der Ressourcenströme immer mehr aufgelöst wurden.

---

28 Cronon: Metropolis, „Preface", sowie S. 5-19.
29 Ausnahme hierbei ist eine Untersuchung des Raums Manchester von Roger Scola mit dem Titel „Feeding the Victorian City – The Food Supply of Manchester, 1770-1870" aus dem Jahr 1992; Uekötter: Umweltgeschichte, S. 59.

Metabolismus und Kolonisierung von Natur

Dem Ansatz Cronons ähnlich, steht auch bei den Vertretern des Stoffwechsel- oder Meta-bolismussystems das Stadt-Land-Verhältnis im Fokus der Forschung, obgleich hier der Blickwinkel eher durch Begriffe wie Umweltschädlichkeit und nachhaltiger Umgang mit Natur zu charakterisieren ist. Städte werden ganz im Sinne einer Organismus-Metapher als „living systems"[30] verstanden, die ihre Umwelt verändern und einen „ökologischen Fuß-abdruck"[31] hinterlassen. Als wichtigste Determinante gilt die menschliche Kultur. Anthro-pogene Stoffströme und deren Wirkung auf biotische Systeme sind entscheidend für die Nachhaltigkeit von urbanen Gemeinschaften.[32]

Metabolismus ist ursprünglich eine Bezeichnung aus der Biologie und „bezeichnet che-mische Auf- und Abbauprozesse in Organismen".[33] Folglich werden energetische und mate-rielle Umwandlungsprozesse in „living systems" beschrieben. Das Metabolismuskonzept bewegt sich gewissermaßen an einer Schnittstelle zwischen Sozial- und Naturwissenschaft und versteht Umweltprobleme als Probleme des Stoffwechsels zwischen Gesellschaft und Natur: „Das evoziert ein recht einfaches Bild: Gesellschaft, auch Wissenschaft, erscheint als

---

30 Vgl. Melosi, Martin V.: The Place of the City in Environmental History, in: Environmental His-tory Review 17 (1993, Spring), S. 1-23, hier S. 6. Melosi bezieht sich hierbei auf die Definition des spanischen Soziologen und Stadtplaners Castells aus dem Jahre 1983, vgl. Castells, Manuel: The City and the Grassroots: A Cross-Cultural Theory of Urban Social Movements, London 1993, S. xv.

31 Vgl. Rees, William; Wackernagel, Mathis: Unser ökologischer Fußabdruck, Basel 1997.

32 Der Begriff der Nachhaltigkeit stammt aus dem Bereich der europäischen Forstwirtschaft des 15. und 16. Jahrhunderts und wurde vor allem Anfang des 18. Jahrhunderts vom Oberberg-hauptmann Hans Carl von Carlowitz geprägt, welcher davor warnte, dass Europa aufgrund des verschwenderischen Umgangs mit dem Rohstoff Holz bald keine Wälder mehr habe und eine zukünftige Holznot nur durch einen planvollen und nachhaltigen Umgang zu verhindern sei. Erst in der zweiten Hälfte des 20. Jahrhunderts weitete sich der Begriff der Nachhaltigkeit auch auf andere Bereiche aus und wurde zu einem ganz zentralen Begriff in der Umweltdiskussion für die Beschreibung des Umgangs der Menschen mit natürlichen Ressourcen. Grundlagen für die Genese des heutigen Begriffs der Nachhaltigkeit waren zum einen die Erkenntnis, dass Ressour-cen begrenzt sind (limits to growth, 1972) und die damit verbunden Anpassung der Nutzung von Ressourcen unter Ausschluss der Gefährdung nachfolgender Generationen (Brundtland 1987), als auch die Aufnahme des Begriffs „sustainable development" in die Agenda 21 der UNO im Jahr 1992. Vgl. Reith, Reinhold: Nachhaltigkeit, in: Enzyklopädie der Neuzeit, Bd. 8, Stuttgart 2008, Sp.1009-1012. Zur Holznot vgl. Radkau, Joachim: Holz – wie ein Naturstoff Geschichte schreibt, München 2007. Zudem: Meadows, Donella H.: The limits to growth. A report for the Club of Rome's project on the predicament of mankind, New York 1972; Hauff, Volker (Hg.): Unsere gemeinsame Zukunft [der Brundtland-Bericht der Weltkommission für Umwelt und Entwicklung], Greven 1987.

33 Winiwarter: Umweltgeschichte, S. 184.

Organismus, der aus der Natur bestimmte Stoffe aufnimmt, zu seinem Nutzen verarbeitet, schließlich verändert an die Natur wieder abgibt."[34] Die Gesellschaft wird, getreu einer betriebswirtschaftlichen Sicht, mittels einer Input-Output-Logik als Organismus verstanden. Das Stoffwechselkonzept bezieht sich somit auf materielle und energetische Austauschprozesse zwischen Natur (Biosphäre + deren natürliche Systeme) und Gesellschaft (Anthroposphäre + deren gesellschaftliche Systeme) und soll diesbezüglich als Analysehilfe dienen. Eine nachhaltige Entwicklung im Mensch-Natur-Verhältnis ist immer auch ein Problem der materiellen und energetischen Beziehungen zwischen Gesellschaft und Natur. Es werden hierbei hauptsächlich zwei verschiedene Stoffwechselsysteme unterschieden.

Basaler gesellschaftlicher Metabolismus

Als ein basaler gesellschaftlicher Metabolismus können vor allem die vorindustriellen Gesellschaften verstanden werden. Inputs sind Biomasse, Sauerstoff, Wasser und Mineralien, also überwiegend erneuerbare Ressourcen. Alle gesellschaftlichen Outputs fügen sich hierbei in regenerative Prozesse ein.

Probleme des basalen Stoffwechsels sind sowohl die Konkurrenz mit anderen Lebewesen, als auch die, eventuell mit Ersterem verbundene, Gefährdung der „Nachhaltigkeit" durch zu hohe Ausbeutung. Folge dieser Probleme ist dann häufig die Herausbildung von Methoden zur Manipulation natürlicher Systeme mit dem Ziel der Steigerung ihrer Nützlichkeit für gesellschaftliche Zwecke. Beispiel hierfür wäre die Düngung im Bereich der Landwirtschaft. Diese Steigerung der natürlichen Erträge bezeichnen die Vertreter des Metabolismuskonzeptes als „Kolonisierung". Eine solche Regulierung der Reproduktionsraten von erneuerbaren Ressourcen hat jedoch auch immer weitere Probleme zur Folge.[35]

Erweiterter Metabolismus

Das Konzept des erweiterten Metabolismus greift, anders als der basale Stoffwechsel, auf nicht erneuerbare Ressourcen zurück, die in biosphärischen Kreisläufen eine sehr geringe Rolle spielen. Ein Rückgriff auf solche Ressourcen – Metalle und fossile Energieträger – wirkte sich in der Geschichte meist positiv auf das Wohlergehen einer Gesellschaft aus. Der erweiterte Metabolismus ist für moderne Industriegesellschaften seit dem 19. Jahrhundert kennzeichnend (Abb. 1).

34 Fischer-Kowalski: Stoffwechsel, S. IX.
35 Ebd., S. 1-6.

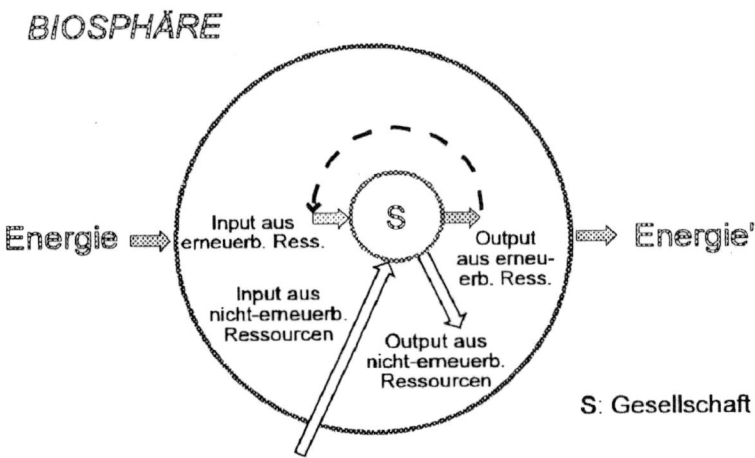

Abbildung 1: Gesellschaftlicher Metabolismus nach Fischer-Kowalski u. a.: Gesellschaftlicher Stoffwechsel, S. 7

Größtes Problem solcher Systeme ist der Output aus nicht erneuerbaren Ressourcen, da diese Reste das natürliche System überfordern und die Natur selbst keine Verwendung dafür hat.[36] Zu diesen nicht abbaubaren Resten zählen Bestandteile des Hausmülls, die aus eben diesem Grund als eine wesentliche Ursache der Müllproblematik insgesamt gelten müssen.

Das Verhältnis von Energieerzeugung und Materialaufwand

Das Metabolismuskonzept muss zwangsläufig in eine energetische und in eine materielle Seite aufgeteilt werden. Meist wird den gesellschaftlichen Systemen Energie durch Materialien zugeführt, wobei unterschiedliche Energiegewinnungskonzepte zur Anwendung gelangen.[37]

Folglich ist die Materialmenge, die eine Gesellschaft benötigt, um ihren Energiebedarf zu stillen, höchst unterschiedlich, je nach dem welches Material genutzt wird und welche Technologien zum Einsatz kommen.

Ebenfalls ist durch den Entwicklungssprung von einem basalen hin zu einem erweiterten Metabolismus ersichtlich, dass Emissionsprobleme der Gesellschaften mit basalem Stoffwechselsystem lediglich lokale bzw. regionale Auswirkungen hatten und bewältigt wur-

---

36 Ebd., S. 9 ff.
37 Frei nach: Ebd., S. 9.

den, wohingegen Gesellschaften mit einem erweiterten Metabolismus globale Emissionsprobleme wie das CO_2-Problem auslösten. Es treten also sowohl auf der Inputseite (Ressourcenknappheit) als auch auf der Outputseite (Überforderung natürlicher Systeme) Probleme auf, die es zu bewältigen gilt.[38]

Kolonisierung von Natur

Der Begriff Kolonisierung beschreibt, als Bestandteil des Metabolismuskonzepts, die Eingriffe von Gesellschaften in natürliche Prozesse. Dies meint zum einen die Transformation von Naturprozessen und zum anderen die Beibehaltung dieser Transformation, gewissermaßen den Kampf gegen die stets zurückerobernde Natur. Es geht dabei vor allem, in Bezug auf den Metabolismus, um die direkte oder indirekte[39] Erhöhung des Inputs der Biomasse von Gesellschaften. Hierbei stehen Landwirtschaft und Forstwirtschaft im Vordergrund. Kolonisierung impliziert jedoch auch den Bau von Transportwegen zur leichteren Fortbewegung von Menschen und Materialien. So definiert ist die Kolonisierung eine „Kombination gesellschaftlicher Aktivitäten, die gezielt gewisse Parameter natürlicher Systeme verändern und sie in einem Zustand halten, der sich von dem Zustand unterscheidet, in dem sie sich ohne diese Aktivität befänden."[40]

Die Eingriffe des Menschen werden als „KELs", als „Kolonisierende Eingriffe in Lebensprozesse", bezeichnet. Solche Eingriffe können in verschiedenen Bereichen, beispielsweise dem Energiefluss von Ökosystemen, dem Wasserhaushalt und der Beeinflussung chemischer Rahmenbedingungen, Veränderungen hervorrufen. Unter „KELs" werden zudem auch Bereiche wie Viehzucht und genetische Eingriffe des Menschen in die Natur zusammengefasst.[41] Jede Veränderung natürlicher Prozesse ist somit ein KEL.

Auslöser der Kolonisierung waren wahrscheinlich Nachhaltigkeitsprobleme durch Ressourcenknappheit, welche die Ausbildung der Landwirtschaft, die so genannte neolithische Revolution[42], auslöste. Doch Kolonisierungsprozesse können ihrerseits auch wieder Nachhaltigkeitsprobleme schaffen,[43] die dann erneut durch Kolonisierungsstrategien bewältigt

---

38 Ebd., S. 1-13.
39 Direkt: Anbau von Nahrungsmitteln, indirekt: Anbau von Viehfutter.
40 Fischer-Kowalski: Stoffwechsel, S. 10.
41 Ebd., S. 10 f.
42 Junker, Thomas: Die Evolution des Menschen, München 2006, S. 107-111.
43 Kolonisierung löst beispielsweise Umweltprobleme dadurch aus, dass sie die Produktivität der Natur für Biomasse beeinflusst, gewisse Arten fördert und andere dadurch vom Aussterben bedroht sind.

werden müssen, dann aber auch wieder neue Probleme auslösen.[44] Das Verhältnis von Kolonisierung und Nachhaltigkeit ist also stets dialektisch.[45]

Kritischer Blick auf das Metabolismuskonzept

Wie jeder wissenschaftliche Ansatz, wie jedes neue Konzept, hat auch das Stoffwechsel- oder Metabolismuskonzept Stärken und Schwächen. Eine der Stärken liegt zweifellos in der Interdisziplinarität, im Verstehen des Gesellschaft-Natur Verhältnisses als einen biologischen Prozess, in der Erkenntnis, dass Umweltprobleme Resultate eines gestörten Stoffwechsels sind, in dem die natürlichen Ressourcen stets überfordert werden und durch Transformation Stoffe entstehen, die von der Natur nicht mehr „recycelt" werden können. Das Metabolismuskonzept versteht also den Menschen in erster Linie als Konsumenten und Transformator natürlicher Produkte. Um diese Prozesse nachvollziehen zu können, proklamieren die Vertreter des Konzepts ein empirisches Vorgehen. Möglichst genaue Daten und Zahlen sollen als Beleg für die Stoffströme (Input, Output) dienen. Dieses Vorgehen im Zusammenhang mit einem universalhistorischen Anspruch ist die größte Schwäche des Konzepts, da nicht nur für antike und mittelalterliche, sondern allzu häufig auch für moderne Gesellschaften umfassende Datenmengen fehlen.[46] Ein Blick in die Forschungsliteratur bestätigt diese Schwäche, da nur einige wenige Arbeiten auf der Grundlage des Metabolismus-Konzeptes veröffentlicht wurden.[47] So bleibt der Ansatz in der Umweltgeschichte gewissermaßen ein „Desiderat".[48]

Darüber hinaus lässt sich fragen, welche neuen Ansätze ein solches Konzept außer seiner Interdisziplinarität bietet. Die Technikfolgenabschätzung und die Umweltgeschichte haben eine „Kolonisierung" der Natur durch den Menschen längst herausgestellt, und auch die Technikfolgenabschätzung ist nichts anderes als die Beschäftigung mit Nachhaltigkeit. Zudem ist auch die Vorstellung von Stoffkreisläufen keinesfalls eine Neuerfindung der Vertreter des Metabolismuskonzepts, denn bereits im 19. Jahrhundert entwickelte der deutsche

---

44 Welches Risiko geht beispielsweise von genetisch veränderten Pflanzen, die auf Pestizide verzichten können, aus?
45 Fischer-Kowalski: Stoffwechsel, S. 11 f.
46 Uekötter: Umweltgeschichte, S. 59.
47 Boyden, Stephen Vickers (Hg.): The ecology of a city and its people: the case of Hong Kong, Canberra 1981.
48 Uekötter: Umweltgeschichte, S. 60.

Nationalökonom Johann Heinrich von Thünen[49] sein sogenanntes Kreismodell. Dieses idealtypische Modell eines isolierten Staates geht von einem städtischen Zentrum aus und teilt das Umland, ausgehend vom Kern, in kreisrunde Zonen ein. In jeder Zone gibt es ein Produkt, welches aus wirtschaftlicher Sicht – abhängig von Transportkosten etc. – dort am besten angebaut werden kann, so dass eine nahezu optimale „Kolonisierung" der Natur erreicht werden kann. Außerhalb dieser Kreise befindet sich die unkultivierte Wildnis, welche diesen Wirtschaftsraum isoliert und vor äußeren Einflüssen schützt. Natürlich ist dieses Konzept de facto nicht mit dem Metabolismusansatz gleichzusetzen. Thünen hätte wahrscheinlich von Produktströmen und nicht von Stoffkreisläufen gesprochen, und zudem entwickelte sich sein Ansatz auch nicht aus einer Diskussion über Nachhaltigkeit und Umweltschäden, sondern aus einer wirtschaftswissenschaftlichen Perspektive heraus, dennoch sind Ähnlichkeiten, wie die Beziehung zwischen Stadt und Umland oder auch des Kolonisierungsaspekts, klar erkennbar.[50]

Nur in Bezug auf einen klar abgesteckten Raum, eine enge zeitliche Abgrenzung und eine ausreichende Datenmenge als Quellengrundlage kann das Metabolismuskonzept prinzipiell als praktikabel bezeichnet werden, darüber hinaus erscheint es doch sehr metaphorisch. Welch ein Erkenntnisgewinn lässt sich mit dem Konzept erzielen, der sonst im Verborgenen bleiben würde?

Metabolismus und Müll

Aus Sicht der Metabolismuskonzeption ist Müll der „Output" einer Gesellschaft, „waste is the final output of social metabolism."[51] Eine Einordnung der Müll-Thematik in das Metabolismuskonzept ist somit durchaus möglich. Der Müll nimmt hierbei eine ganz zentrale Rolle ein. Auf der materiellen Ebene steht seine Menge und Zusammensetzung nicht nur

---

49 Johann Heinrich von Thünen (1783-1850) war ein deutscher Nationalökonom des 19. Jahrhunderts. Aufgewachsen in Ostfriesland begann er, nachdem er die Oberschule in Jever besucht hatte, 1799 eine landwirtschaftliche Ausbildung in Hooksiel und an der Landwirtschaftlichen Lehranstalt zu Groß Flottbeck in der Nähe Hamburgs. 1803 hörte er einige Vorträge Thaers in Celle und begann ein Studium der Ökonomie in Göttingen, welches er jedoch schon nach zwei Semestern abbrach und sich als Gutsbesitzer in Mecklenburg-Vorpommern niederließ. Fortan beschäftigte er sich mit ökonomischen Fragen der Landwirtschaft und erlangte in Fachkreisen einen hohen Bekanntheitsgrad. 1830 wurde ihm der Ehrendoktortitel der Universität Rostock verliehen; Zuckerkandl, Robert: Thünen, Johann Heinrich von, in: ADB, Bd. 38, Leipzig 1894, S. 213-218.

50 Thünen, Johann Heinrich von; Lehmann, Hermann (Hg.): Der isolierte Staat in Beziehung auf Landwirtschaft und Sozialökonomie, Berlin 1990.

51 Winiwarter, Verena: History of waste, in: Bisson, Katy (Hg.): Waste in ecological economics, Cheltenham 2002, S. 38-54, hier S. 38.

in einem engen Zusammenhang mit dem Input, sondern kann sogar als dessen Spiegelbild aufgefasst werden. Auf ähnliche Weise werden auch Veränderungen des Stoffwechsels durch Veränderungen des Mülls sichtbar. Auf der kulturellen Ebene gilt Müll als eine „central category of social order".[52]

Diese beiden Aspekte, die kulturelle und materielle Seite, sind für das Verständnis des Umgangs sozialer Systeme mit der Müllproblematik in Vergangenheit und Gegenwart zwei entscheidende Größen. Nachhaltig ist ein System nur dann, wenn der Output sozialer Systeme die Renaturalisierungskapazitäten der Natur nicht übersteigt. Somit ist der Müll industrieller Gesellschaften ein großes Problem für die Nachhaltigkeit und ist ebenso wie die Gewinnung von Rohstoffen, bei der zusätzlich eine enorme Menge Müll entsteht, ein Bereich, der unter dem Begriff „overexploitation" von Natur zusammengefasst werden kann.[53]

Jeder kolonisierende Eingriff, jede Veränderung in die Natur produziert zwangsläufig Müll, und im Sinne des Stoffwechselkonzepts können Gesellschaften eben auch – über ihren Output definiert – als Organismen mit Material- und Energieströmen beschrieben werden. Eine solche Herangehensweise ist sehr stark kulturalistisch und klammert technische Entwicklungen, vor allem im Bereich des Recyclings, nahezu völlig aus. Denn Abfallstoffe können zu einem gewissen Teil immer wieder in den Stoffkreislauf eingespeist werden, auch wenn hierfür natürlich wieder Energie aufgewendet werden muss, die ihrerseits eine bestimmte Menge Müll produziert.

52 Ebd.
53 Ebd., S. 39.

Gegenstand, Definition, Eingrenzung

Zeitlicher Rahmen

Der Zeitraum dieser Untersuchung zwischen den 1880er Jahren und 1914 ist ganz bewusst gewählt worden, obgleich beide Grenzen diskutabel bleiben. So muss beispielsweise die Frage gestattet sein, warum eine Untersuchung des Hausmüllproblems erst in den 1880er Jahren einsetzt. Also zu einem Zeitpunkt, an dem die hygienischen Zustände der Städte, hervorgerufen durch ein rapides Bevölkerungswachstum, bereits miserabel waren und auch andere Folgen der Industrialisierung schon seit der Mitte des Jahrhunderts existierten. Ein solcher Einwand kann folgendermaßen entkräftet werden: Entscheidend für die Wahrnehmung des Hausmülls als Problem ist der in den 1860er Jahren in Deutschland einsetzende Bau der Schwemmkanalisationen, der eine Trennung von Fäkalien und Hausmüll zur Folge hatte. Zunächst wurden nämlich vor allem die „menschlichen Abfallstoffe" als Gesundheitsgefährdung und Auslöser von Epidemien erkannt.

Die Bewältigung der Hausmüllproblematik bildet somit den Beginn einer zweiten Phase der „Städteassanierung"[54] des 19. Jahrhunderts. Wurde der Hausmüll zunächst noch mit den Fäkalien zusammen in Gruben auf den Hinterhöfen gesammelt, um dann einer landwirtschaftlichen Nutzung zugeführt zu werden, war er plötzlich isoliert und hatte zudem enorm an Dungwert verloren. Da die meisten Städte ihre Kanalsysteme bis in die 1880er Jahre in Betrieb genommen hatten, ist die vorliegende Untersuchung genau hier anzusetzen. Unterstützt wird dies noch durch zwei weitere Faktoren. So war das Interesse der Landwirte am Hausmüll nicht nur durch seinen geringeren Dungwert gesunken, sondern vor allem auch durch die auf den Markt drängenden Kunstdünger.[55] Hinzu kam, dass durch die Urbanisierung landwirtschaftliche Betriebe zunehmend aus der Peripherie der Städte verschwanden und somit die Transportkosten für die Abholung des Grubeninhalts stiegen.[56] Der Müll wurde folglich aufgrund des fehlenden Absatzmarktes zu einem Problem, für das Lösungen gefunden werden mussten.

---

54 Zeitgenössischer Begriff für den städtischen Bau von Hygieneeinrichtungen, wie Kanalisation, Wasserversorgung etc.; Hardy, Anne Irmgard: Der Arzt, die Ingenieure und die Städteassanierung. Georg Varrentrapps Visionen zur Kanalisation, Trinkwasserversorgung und Bauhygiene in deutschen Städten (1860-1880), in: Technikgeschichte 72 (2005), S. 91-120.

55 Zunächst Mineraldünger, später Stickstoffdünger; Rüb, Renate: Grenzen eines tradierten Systems. Vier Jahrzehnte Mülldüngung bei Nauen, in: Köstering: Müll, S. 87-100, hier S. 87, sowie Schramm, Engelbert: Zu einer Umweltgeschichte des Bodens, in: Brüggemeier, Franz-Josef; Rommelspacher, Thomas: Besiegte Natur. Geschichte der Umwelt im 19. und 20. Jahrhundert, München 1987, S. 86-106, hier S. 94 f.

56 Rüb: Stadthygiene um 1900, S. 20.

Dies führt zu einem weiteren wichtigen Punkt: Die Diskussion in den zeitgenössischen Fachzeitschriften, die erst in den 1880er Jahren einsetzte. Ein solcher Befund lässt immer auch Rückschlüsse auf die zeitgenössische Situation zu, denn Probleme werden stets dann thematisiert, wenn sie aktuell sind.[57]

Den Endpunkt der Untersuchung bildet das Jahr 1914. Doch warum orientiert sich eine Arbeit zur Bewältigung des Hausmüllproblems an augenscheinlich politischen Ereignissen wie dem Beginn des Ersten Weltkriegs? Der Grund ist, dass die technische Entwicklung auf dem Gebiet der Hausmüllentsorgung im Ersten Weltkrieg und in der Zwischenkriegszeit wegen der hohen Entschädigungszahlungen an die Siegermächte und durch die Weltwirtschaftskrise zum Erliegen kam. Nach dem Krieg wurden nur noch drei Müllverbrennungsanstalten in Deutschland errichtet.[58] Bestehende Systeme blieben in Betrieb, doch eine technische Weiterentwicklung fand aufgrund finanzieller Engpässe nicht mehr statt. In den Fokus geriet als Lösung zunehmend die Deponierung.[59] Eine Arbeit, die sich mit den Anfängen der Hausmüllentsorgung in Deutschland beschäftigt, kommt genau an dem Punkt zum Ende, an dem die Entwicklung möglicher Lösungsstrategien abreißt. Und

---

57 Eine ähnliche Einschätzung bezüglich des beginnenden Hausmüllproblems vertritt auch Rüb: „Der städtische Hausmüll rückte erst relativ spät, nämlich in den 1880er Jahren in den Mittelpunkt einer öffentlichen Auseinandersetzung. Davor standen andere Maßnahmen, [...], im Vordergrund." Ebd., S. 22.

58 Windmüller: Kehrseite, S. 126.

59 Lindemann führt die ab 1915 zunehmende Deponierung vor allem darauf zurück, dass die Vertreter der Öffentlichen Gesundheitspflege im Jahre 1905 ihre Bedenken bezüglich einer Gesundheitsgefährdung durch Hausmüll zurückgenommen hätten und somit die Deponierung sich als günstigste Lösung durchgesetzt habe; Lindemann: Verbrennung, S. 102; Lindemann: Müllverbrennung, S. 19. Dass die Deponierung kurz vor und vor allem nach dem Ersten Weltkrieg zunehmend praktiziert wurde steht außer Zweifel, dennoch lässt sich eine Fülle von Nachweisen erbringen, dass die hygienischen Bedenken keinesfalls plötzlich verschwanden. Im Gegenteil, so sahen es viele Wissenschaftler gerade durch die Beschäftigung mit der Müllproblematik seit den 1880er Jahren als erwiesen an, dass beispielsweise von Fäulnisprozessen im Müll eine klare Gesundheitsgefährdung ausgehe. Eines der Gegenbeispiele zu Lindemanns These sind die Eröffnungszeilen einer Rede von Dr. Sigmund von Kapff (1864-1946), einem habilitierten Chemiker, Textilfachmann und Direktor der Textilschule Aachen, aus dem Jahre 1905, gehalten in der Naturwissenschaftlichen Gesellschaft in Aachen: „Durch die Untersuchungen und Forschungen der hygienischen Wissenschaften, namentlich der Bakteriologie, durch das Studium der Entstehungsursachen von Epidemien und Einzelerkrankungen ist als sicher erwiesen worden, dass die städtischen Abfallstoffe, die Fäkalien, die Abfälle von Küchen, Schlächtereinen, Märkten, der Strassenkehricht u. s. w. die wesentlichsten Brutstätten der Krankheitserreger sind." Kapff, Sigmund: Die Beseitigung des städtischen Mülls, Aachen 1905, S. 3. Weitere Beispiele aus den Jahren bis 1915 werden im Laufe dieser Arbeit folgen. Zu Kapff vgl. Honecker, Martin: Kapff, in: NDB, Bd. 11, Berlin 1977, S. 131.

die Deponierung von Müll kann hier nicht als Problemlösung betrachtet werden, da sie nichts löst, sondern lediglich im Wortsinn „verlagert".

Ein Problem, viele Bezeichnungen – Gegenstandsdefinition

Der Begriff Abfall war bis in die zweite Hälfte des 19. Jahrhunderts stark politisch oder religiös geprägt. Mit Abfall war ein Abfallen von Gott oder von einem politischen System gemeint. Erst in „Meyers Konversations-Lexikon" aus dem Jahre 1874 erhielt der Begriff Abfall eine weitere Bedeutung. Dort wurden als Abfälle vor allem Nebenprodukte industrieller Fabrikationsprozesse bezeichnet, deren Weiterverarbeitung wiederum die Basis weiterer Gewerbezweige sein konnte. Dieser Wandel wurde in den Folgejahren noch bekräftigt, so hat der Begriff der Abfälle, die Bedeutung des Abfalls im Sinne von politisch-religiösem Abfallen, nahezu völlig verdrängt. Abfälle waren im Jahre 1889 Stoffe, die bei Produktionsprozessen anfielen, aber nahezu vollständig für andere Gewerbe weiterverwendet werden konnten. Die Verminderung und „vorteilhafte Verwertung" lag nun im Fokus der Betrachtung. Abfälle wurden noch nicht prinzipiell als Gefahrenstoffe wahrgenommen, obwohl bereits auf die Forderungen der Öffentlichen Gesundheitspflege eingegangen wurde. Die absolute Wende in der Bedeutung des Begriffs war dann im Jahre 1893 wiederum in „Meyers Konversations-Lexikon" erreicht. Abfälle waren nun gesundheitsgefährdende Stoffe bestehend aus Exkrementen, unreinen Wässern (Abwasser) und Müll. In den darauffolgenden Jahren wurde der Begriff Abfall meist in Industrieabfall und städtischen Abfall unterschieden. Ab dem Jahr 1893 erfuhr ein anderer Begriff einen blitzartigen Aufstieg: Der Müll.[60] Erstmals 1893 lexikalisch erwähnt, lief er dem Abfallbegriff zunehmend den Rang ab. Unter Müll oder auch Hausmüll wurden die häuslichen Abfallstoffe wie Lumpen, Speisereste, Scherben, Metallgegenstände, Asche, Sand und Pferdemist zusammengefasst.[61]

Hausmüll umfasste folglich nicht Latrinen (flüssige Abfallstoffe, Exkremente), Wasen (Schlachtereiabfälle) und gewerbliche Abfälle. In der vorliegenden Arbeit wird der zeitgenössische Begriff des Hausmülls bzw. Hauskehrichts[62] verwendet: „Das Hausmüll oder der Hauskehricht besteht aus den Abfallstoffen der menschlichen Haushaltungen, welche sich

---

60 Die ursprüngliche Bedeutung im niedersächsischen Raum für „Mull" war Staub oder Stubenkehricht. Im oberdeutschen Sprachraum bezeichneten die Begriffe „Gemülle" oder „Gemulster" lockeren Schutt bzw. Abgänge von Steinen. Wortgeschichtlich stammt das Wort Müll wohl von den Begriffen mahlen und malmen ab; Kuchenbuch, Ludolf: Abfall, eine stichwortgeschichtliche Erkundung, in: Calließ, Jörg u. a. (Hg.): Mensch und Umwelt in der Geschichte, Pfaffenweiler 1989, S. 257-276, hier S. 268.

61 Ebd. S. 262-275.

62 Die Bezeichnung Hauskehricht wurde ab der Jahrhundertwende zunehmend durch den Begriff Hausmüll verdrängt, der dann wiederum zunehmend ohne das Konfix „Haus" in Erscheinung trat.

in Sonderheit beim Heiz- und Küchenbetriebe sowie beim Reinigen der Wohnhäuser erge-
ben."[63] Somit zählten zum Hausmüll alle im Haushalt anfallenden Abfälle. Gewerbliche
oder industrielle Fabrikabfälle waren hierbei ausgeklammert. In zeitgenössischen Arbeiten
wurde stets darauf hingewiesen, dass in jeder Stadt die Menge und Zusammensetzung des
Hausmülls unterschiedlich sei, da diese beiden Größen immer von „der Lebensweise und
Lebensgewohnheiten der Bevölkerung"[64] abhängig seien. De facto bedeutet dies, dass ein
unterschiedliches Konsumverhalten und eine andere Art des verwendeten Heizmaterials
unterschiedlichen Müll anfallen lässt. Unter Verwendung der Begriffe des Metabolismus-
ansatzes folgt daraus: Unterschiedlicher Input eines Systems verursacht auch einen unterschiedlichen Output.[65]

Wenn auch in variierenden Mengen und an verschiedenen Orten, so bestand der Müll
zum Ende des 19. Jahrhunderts doch immer aus den gleichen Stoffen: „Der Hauskehricht
oder sogen. Müll besteht aus den festen Küchenabfällen, aus dem zusammengefegten
Staube der Zimmer und Korridore, zerbrochenem Geschirr, Papierschnitzeln, Ueberresten
der Heizung etc."[66] Zu den festen Küchenabfällen oder auch Speiseresten zählten „Schalen
von Gemüsen, Obst, Kartoffeln, Blättern von Salat, Kohl, Radieschen, angefaultem Obst,
verschimmeltem Brot, verdorbenem Fleisch"[67] und Reste von Mahlzeiten. Es handelte sich
also um pflanzliche und tierische Abfälle. Der Staub der Wohnräume wurde häufig auch
als Hauskehricht[68] bezeichnet und enthielt neben Staub und Schmutz kleinere Teile Papier,
Holz, Stoffe, Fäden, Nadeln oder Federn. Zu den Überresten der Heizung zählten vor
allem die Aschen, aber auch unverbrannte Rückstände des jeweiligen Brennmaterials. Die
letzte Gruppe der im Hausmüll enthaltenen Abfälle waren die Sperrstoffe. Dazu gehörten
unbrauchbare Gegenstände wie Kleider, Schuhe, Zeitungen, Pappen, Konserven, metalli-
sche Gegenstände, Glas und Porzellan. Die Bezeichnung Sperrstoffe rührt daher, dass diese
Abfälle im Vergleich zu ihrem geringen Gewicht viel Raum einnahmen.[69]

---

63 Koschmieder, Hermann: Die Müllbeseitigung, Hannover 1907 (= Bibliothek der gesamten
    Technik, Bd. 73), S. 7.
64 Mayer, Johann Eugen: Müllbeseitigung und Müllverwertung, Leipzig 1915, S. 1.
65 Sehr stark vereinfacht, da das bloße Anfallen von Müll in Haushalten noch nicht mit dem Out-
    put einer Gesellschaft gleichzusetzen ist, denn bevor der Müll als Output in Erscheinung tritt
    wird er meist noch transformiert (verbrannt, sortiert, bearbeitet).
66 Blasius, Rudolf; Büsing, Friedrich Wilhelm: Die Städtereinigung, in: Weyl, Theodor: Handbuch
    der Hygiene, Zweiter Band, Erste Abteilung, Jena 1894, S. 1-474, hier S. 25.
67 Thiesing, Hans: Beseitigung der festen Abfallstoffe, in: Rubner, M. u. a. (Hg.): Handbuch der
    Hygiene, Leipzig 1927, S. 772-806, hier S. 776.
68 Im Unterschied zum Straßenkehricht, der hauptsächlich aus Straßenstaub, Pferdemist und
    Gesteinsabrieb bestand; Koschmieder: Müllbeseitigung, S. 13.
69 Thiesing: Abfallstoffe, S. 776.

Die Zusammensetzung und Menge des Mülls[70] war nicht nur vom Konsumverhalten der Bevölkerung, sondern auch vom gesellschaftlichen Stand und von den Jahreszeiten abhängig. Finanzschwache Gesellschaftsschichten produzierten durch optimale Ausnutzung des „Inputs" weniger Müll als die Oberschicht. Außerdem fiel aufgrund der Beheizung der Wohnräume und deren Rückstände im Winter nicht selten doppelt so viel Müll an wie im Sommer.[71]

Diese detaillierte Schilderung der Hausmüllzusammensetzung ist nötig, da die verschiedenen Stoffe des Hausmülls, je nach dem welches Verfahren zur Beseitigung Anwendung fand, einen höheren oder einen geringeren Nutzen für das jeweilige System hatten. Bei Verbrennungsversuchen wurden die Bestandteile des Hausmülls in Fein- oder Grobmüll unterschieden. Feinmüll bezeichnete die Teile des Mülls, die bei der Siebung durch eine Maschenweite von ca. 5mm fielen. Dies waren meist Aschen und Sande. Grobmüll waren die Bestandteile des Mülls, welche nicht durch ein 5mm-Sieb, aber durch ein 15mm-Sieb gelangten. Die Zusammensetzung des Mülls war somit – neben Aspekten der Wirtschaftlichkeit – ein für die Stadtverwaltungen entscheidender Faktor, wenn sie über ein entsprechendes Beseitigungsverfahren zu entscheiden hatten, und damit auch für die Frage, welches System sich am Ende durchzusetzen vermochte.

---

70 Die Müllmenge pro Kopf und Tag wird meist mit ca. 0,5 kg angegeben; ebd. S. 777 und Richter, E.: Strassenhygiene, in: Weyl, Theodor: Handbuch der Hygiene, Zweiter Band, Zweite Abteilung, Zweite Lieferung, Jena 1894, S. 149-232, hier S. 201.

71 Beispielsweise in Charlottenburg im Winter 1907/08, vgl. Thiesing: Abfallstoffe, S. 777.

Aus den Augen, aus dem Sinn –
Sammlung und Abfuhr bis 1914

Ein erster Schritt auf dem Weg des weiteren Umgangs mit häuslichen Abfallstoffen lag in ihrer Sammlung und Abfuhr. Auf dem Land bereitete die Sammlung und Entfernung des Hausmülls, wie auch in vorindustrieller Zeit, kaum Schwierigkeiten. Speisereste wurden als Futter für die Tiere verwendet, Knochen und Lumpen in Säcken gesammelt bis ein Lumpensammler sie kaufte, Papierreste und andere brennbare Materialien verbrannt, und der Rest kam auf den Komposthaufen – „die Sparbüchse des Landwirtes"[72] – und wurde als Dünger für die Ländereien verwendet.[73]

Müllgruben

Ein solches Vorgehen war in den Wohnungen der Großstädte des ausgehenden 19. Jahrhunderts nicht mehr praktikabel. In den Städten verfügten die Häuser häufig über Müllgruben auf den Hinterhöfen. In diese gelangten vor Einführung der Schwemmkanalisation neben dem Hausmüll auch die menschlichen Abgänge. Da vor allem die Fäkalien einen hohen Dungwert besaßen, war die meist halbjährlich stattfindende Abholung für die Landwirte oder auch private Fuhrunternehmer, welche den Inhalt der Gruben weiterverkauften, attraktiv. Aus hygienischer Sicht waren allerdings sowohl die Leerung als auch der Abtransport durch die Landwirte bedenklich. So wurden die Wohnräume bei der Entleerung mittels Schubkarren verunreinigt, die undichten, hölzernen Wagen der Landwirte verloren einen gewissen Teil ihrer Ladung (vor allem die flüssigen Bestandteile)[74], so dass die Straßen beschmutzt wurden und der Fäulnisgeruch[75] durch die Straßen zog.[76]

---

72 Hoffmann, Max: Latrine, Müll und Wasen, 4. Aufl., Berlin 1913 (= Flugschriften der Deutschen Landwirtschafts-Gesellschaft, Heft 6), S. 37.
73 Mayer: Müllbeseitigung, S. 7.
74 Lange Zeit bestanden die Aufbauten der Müllwagen noch aus Holz, erst in den 1890er Jahren wurden die Wagenaufbauten zunehmend, erst innen, später ganz, mit Eisenblech oder verzinktem Eisenblech verkleidet, vgl. Dörr, Clemens: Hausmüll und Straßenkehricht, Leipzig 1912, S. 17-138; Sperhacke bezeichnet diese hygienisch absolut unzureichenden Holzwagen auch als „Bretterwagen", was bereits auf die Durchlässigkeit dieser Wagen schließen lässt, vgl. Sperhacke, Bernhard: Wirtschaftlichkeitsfragen bei der Ansammlung und Abfuhr des Hausmülls, besonders hinsichtlich der zu wählenden Abfuhrsysteme, Diss., Borna – Leipzig 1913, S. 12.
75 Der Fäulnisgeruch wurde im Zusammenhang mit der im 19. Jahrhundert noch vielfach vertretenen, aus der Antike stammenden Miasmenlehre als Gesundheitsgefahr angesehen; Gudermann, Rita: Miasmen, in: Enzyklopädie der Neuzeit, Bd. 8, Stuttgart 2008, Sp. 474-481.
76 Blasius: Städtereinigung, S. 60-69.

In den 1880er Jahren zeichnete sich dann zunehmend ein Wandel in der Müllabfuhrpraxis ab. In vielen Städten senkten die eingeführten Kanalisierungssysteme den Dungwert des Hausmülls stark herab. Zudem hatten die Bauern größere Wegstrecken zurückzulegen, da sie aufgrund des enormen Städtewachstums aus den Randzonen der Städte verdrängt worden waren und viele Landwirte, welche ihre Höfe noch in der Nähe von Großstädten hatten, stellten ihre Betriebe auf die lukrativere Viehzucht um. Dies hatte zur Folge, dass die landwirtschaftlichen Betriebe nicht nur selbst über genügend Dung durch den Mist der Tiere verfügten, sondern auch, dass die ackerbaulich genutzten Flächen, für welche eine Düngung in Frage kam, zurückgingen.

Es musste folglich für die Städte eine neue Lösung für die Abfuhr des anfallenden Hausmülls gefunden werden. Vor allem auch deswegen, weil der Hausmüll aufgrund seiner Fäulnisprozesse als eine große Gefahr für die Gesundheit der Bevölkerung angesehen wurde. Gefahrenherde waren hierbei in erster Linie die verwendeten Müllgruben. Aus hygienischer Sicht wurde die Abschaffung dieser Gruben aus den städtischen Hinterhöfen gefordert.[77] Zudem musste aus der Sicht der Gemeinden zweifellos eine neue Lösung her, drohten doch die Müllgruben überzulaufen, denn wer sollte den Müll noch abholen?[78]

Neue Beseitigungs- und Verwertungssysteme wurden entwickelt, denen der Hausmüll zugeführt werden konnte. Wie auch bei den Gruben wurde meist an der Abholung festgehalten.[79] In der Folgezeit und vor allem ab den 1890er Jahren entstanden die sogenannten Umleer-, sowie die Wechselkasten- bzw. Wechseltonnensysteme.

---

77 Sie wurden nur insofern als praktikabel erachtet, wenn sie folgende hygienische Maßstäbe erfüllten: Absolut dichte Bauweise, so dass eine Verunreinigung des Bodens, des Grundwassers und der Luft ausgeschlossen werden konnte. Errichtung von Ventilationsmaßnahmen, damit keine Gerüche in die Wohnungen dringen konnten. Desinfektion des Grubeninhalts mittels Salzsäure oder Kalkmilch; ebd. In der Praxis dürften solche Gruben jedoch die Ausnahme gewesen sein; Hösel: Abfall, S. 157. „In meiner Praxis habe ich nie gemauerte, mit Müll angefüllte Gruben angetroffen, die so dicht abgeschlossen hätten, dass die in ihrem Innern zur Entwicklung gekommenen Fäulnisgase trotz des Deckelverschlusses ausserhalb der Grube nicht vernehmlich gewesen wäre." Dörr: Hausmüll, S. 11.

78 So finden sich beispielsweise im Wuppertaler Stadtarchiv Akten betreffend überlaufender Müllgruben. Stadtarchiv Wuppertal, G III 3.

79 Nur in den seltensten Fällen wurde es den Hausbesitzern oder Bewohnern gestattet, ihren Müll selbst abzutransportieren wie in der Stadt Kiel; Dörr: Hausmüll, S. 340.

Und täglich kommt die Müllabfuhr – Neue Wege zur Lösung des Müllproblems ab den 1890er Jahren

Die Folgen der Urbanisierung hatten somit die über Jahrhunderte andauernde traditionelle Verwertung des Hausmülls für häuslich-landwirtschaftliche Zwecke zu einem Ende gebracht. Müllgruben, wie sie bis dahin verwendet wurden, waren aus hygienischen Gründen und der daraus resultierenden Angst vor Epidemien nicht mehr akzeptabel.

„Die berufenen wissenschaftlichen Kreise stellten [...] fest, dass zwischen der Entstehung der so häufig auftretenden Epidemien und dem unbedachten Anhäufen von Unratsmassen ein inniger Zusammenhang bestand. Als Ursache der Massenerkrankungen wurden nämlich bestimmte kleine Lebewesen (Mikroben, Bakterien, Bazillen) ermittelt, die grade in den genannten Abfall-Gemengen ihre günstigsten Lebensbedingungen fanden. Seit dieser Feststellung ist man aufs eifrigste bestrebt gewesen, die in den Abfallstoffen gegebenen Fäulnisherde, so weit wie möglich unschädlich zu machen. Um zu diesem Ziele zu gelangen, wurde [...] die Aufmerksamkeit immer mehr auf Einsammlung des Hausmülls [...] und auf die daran anschließende Abfuhr"[80] gerichtet.

Mit dem Fokus auf Sammlung und Abfuhr entstanden somit neue Systeme, und wie auch bei den Gruben trieben vor allem die Forderungen der öffentlichen Hygiene die Weiterentwicklungen im Bereich der neuen Abfuhrsysteme voran. Eines dieser Systeme war das Umleersystem, das in modifizierter Form bis heute Verwendung findet. Das Umleersystem basierte auf dem Umstand, dass die Hausbewohner ihren Müll, vor allem in den ausgehenden 1880er, aber auch noch in den 1890er Jahren, bisweilen noch bis ins 20. Jahrhundert hinein[81], in Gefäßen beliebiger Form und Größe, mit oder ohne Deckel, sammelten und an den Abholtagen an die Straße stellten. Dort wurden sie dann in den Müllkasten des Abholwagens geschüttet.

80 Dörr: Hausmüll, S. 8.
81 Koschmieder: Müllbeseitigung, S. 17.

Abbildung 2: Kehrichtsammelwagen in München,
aus: Fodor, Etienne de. Elektrizität aus Kehricht, S. 204.

Bis in die 1890er Jahre hinein erfolgte die Abholung noch oft durch private Fuhrunternehmer, bevor die Städte dann mehr und mehr die Abfuhr in Eigenregie durchführten. Einer der Gründe, weshalb dieser Wechsel erst relativ spät geschah, war, dass zunächst eine rechtliche Grundlage für die Kommunen geschaffen werden musste. Erst mit dem preußischen Kommunalabgabengesetz vom 14. Juli 1893 waren die Gemeinden befugt, Abgaben für Straßenreinigung und Müllabfuhr zu erheben. Des Weiteren konnten die Bürger nun zusätzlich, durch Veränderungen der Polizeiverordnungen und der jeweiligen Ortsgesetze, zur finanziellen Beteiligung an der Müllabholung gezwungen werden,[82] so dass Abfuhr und Reinigung erstmals auch einen finanziellen Anreiz für die Gemeinden hatten. Außerdem durften die Gemeinden, deren Problem der Hausmüll war, nun sehr viel stärker in die Regelung der Abfuhr eingreifen, da sie nicht mehr vertraglich an Privatunternehmer gebunden waren.

82 Hösel: Abfall, S. 156.

Das Umleersystem war also, zumindest zunächst, mit jedem Gefäß kompatibel, hatte aber aus hygienischer Perspektive ebenfalls mehrere Mängel. An erster Stelle sei hier die Staub- und Geruchsentwicklung[83] bei der Entleerung in den Abfuhrwagen genannt. Darüber hinaus befand sich der Müll bis zum Tage seiner Abholung in den Wohnräumen, und die hohe Zahl an unterschiedlichen Gefäßen erschwerte die Tätigkeit der Arbeiter und verzögerte die Abfuhr. Häufig wurde von Zeitgenossen auch erwähnt, dass sogenannte „Nachtschwärmer", vor allem in Universitätsstädten,[84] in der Nacht vor der Abholung, Gefäße mutwillig umkippen würden, so dass der Hausmüll offen auf der Straße landete.[85] Ob dies tatsächlich ein gewichtiges Problem war, bleibt fraglich.

Dennoch zeigen diese Kritikpunkte deutlich, weshalb sich in den Folgejahren so eine enorme Entwicklung im Bereich der Müllabfuhr vollzog. Weiterentwicklungen und Neuerfindungen ließen nicht lange auf sich warten. Ein mit dem Umleersystem zeitweilig konkurrierendes System war das sogenannte Wechseltonnensystem, bei dem volle gegen leere Tonnen ausgetauscht wurden. Dieses System hatte gegenüber dem Umleersystem den Vorteil, dass keine Staub- und Geruchsbelästigung bzw. Gefährdung mehr stattfinden konnte. Die Bewohner bekamen eine saubere, bisweilen desinfizierte, aus hygienischer Sicht einwandfreie leere Tonne wieder vor die Tür gestellt. Auf die jeweiligen Abholwagen passten meist ca. 40 Tonnen. Da diese erst am Ort der Müllverwertung bzw. -vernichtung geöffnet wurden, bestand auch keine Gesundheitsgefahr mehr für die Stadtbewohner bedingt durch undichte Müllwagen, die auf den Straßen nur allzu häufig einen Teil ihrer Ladung verloren (Abb. 3).

Beide Systeme, das Umleer- und das Wechseltonnensystem, wurden von Seiten der Hygiene als einwandfrei angesehen, wenn sie so ausgeführt wurden, dass „die Einfüllung [...] und die Entleerung [...] ohne Staubbildung vor sich gehen".[86] Bei dem Umleersystem waren folglich technische Weiterentwicklungen notwendig, um eine staubfreie oder zumindest staubverhütende Abfuhr zu garantieren. Zu diesen Weiterentwicklungen gehörten Sammelgefäße mit Deckel, geschlossene Abfuhrwagen mit Abkippvorrichtung oder abnehmbarem Kasten sowie verschließbare Einfüllklappen, die zum Teil durch Kettensysteme automatisiert wurden. Nahezu in jeder Stadt wurden die Abfuhrsysteme auf die örtlichen Gegebenheiten zugeschnitten. Wurde der Müll zum Beispiel auf Bahnwaggons verladen, geschah die Entleerung meist durch Bodenklappen der Abfuhrwagen mittels einer Brücke von oben in die Waggons. Wurde der Müll jedoch in einer örtlichen Müllverbren-

---

83 Noch bis ins 19. Jahrhundert wurden im Zuge der Miasmenlehre Gerüche als gesundheitsgefährdend eingestuft; Gudermann: Miasmen.

84 Ohne Autor: Müllbeseitigung und Müllverwertung. Versammlung des Deutschen Vereins für Öffentliche Gesundheitspflege zu Mannheim, in: Gesundheits-Ingenieur 38 (1906), S. 152.

85 Koschmieder: Beseitigung, S. 18; so wurde in Chemnitz, Cassel und Charlottenburg die Abstellung der Müllgefäße an der Straße per Ortsstatut und Polizeiverordnung verboten, die Abfuhrgesellschaften holten sich diese selbstständig von Hof und Garten; Dörr: Hausmüll, S. 340 f.

86 Dörr: Hausmüll, S. 9.

nungsanlage verbrannt, hatten die Abfuhrwagen meist einen abnehmbaren Kasten, so dass ein Kran die Kästen über den Öfen leicht entleeren konnte.

Abbildung 3: Berliner Abfuhrwagen des Wechseltonnensystems,
aus: Röhrecke, Müllabfuhr, S. 10.

Ersichtlich ist auch, dass die Gemeinden bemüht waren, den Mensch-Müll Kontakt so gering wie möglich zu halten. Der Mensch sollte den Müll nicht häufiger als nötig berühren oder in der Wohnung den Fäulnisgerüchen ausgesetzt sein, „weil das gemengte Müll je nach seiner Zusammensetzung und der Jahreszeit durchschnittlich bereits am zweiten Tage seiner Einsammlung in sehr merklicher Weise den Fäulnisprozess eingeht, was sich durch die Verbreitung üblen Geruchs sehr deutlich und unliebsam bemerkbar macht."[87] Aus diesem Grund erfolgte die Abholung außerordentlich häufig.[88] Um diese häufigen Abfuhren wirtschaftlich betreiben zu können, wurden auch beim Umleersystem die Müllgefäße vereinheitlicht. Sie wurden entweder von der Stadt gestellt[89] oder konnten bisweilen von den Hauseigentümern bzw. Mietern von der Stadt erworben werden.[90]

---

87 Dörr: Hausmüll, S. 10.
88 Meistens mindestens zweimal in der Woche, in Kiel und Dortmund war es sogar möglich, den Hausmüll sechsmal in der Woche abholen zu lassen; Dörr: Hausmüll, S. 342-344.
89 So in Bayreuth; Dörr: Hausmüll, S. 338.
90 Häufig wurden wie in Fürth sogar Ratenzahlungen gewährleistet, um die Vereinheitlichung seitens der Gemeinden zu beschleunigen und auch ärmeren Bevölkerungsschichten die Teilnahme an der Müllabfuhr zu ermöglichen; ebd., S. 16, 349-352.

In vielen Städten war aber auch nur vorgeschrieben, dass die Gefäße eine gewisse Größe nicht überschreiten durften, zwei Henkel und einen verschließbaren Deckel besitzen mussten. Zunehmend wurden ab der Jahrhundertwende auch große Sammelgefäße mit Deckel und mit bis zu 300 Litern Fassungsvermögen aufgestellt, in welche die Bewohner ihren Hausmüll täglich bringen konnten. Dadurch wurde eine Gesundheitsgefährdung durch Lagern des Mülls in den Haushalten nahezu ausgeschlossen.[91]

Trotz der Tatsache, dass die Voraussetzungen in jeder Stadt unterschiedlich waren und die beiden hauptsächlich verwendeten Systeme dementsprechend modifiziert wurden, lassen sich doch flächendeckend Vereinheitlichungstendenzen und eine generelle Übernahme der Abfuhr durch die Gemeinden ab den 1890er Jahren konstatieren. Entscheidend für diese Entwicklung waren die Forderungen der Hygiene.

Weitere technische Neuerungen

Neben den beiden großen Systemen der Umleerung und Auswechselung entwickelten sich Ende des 19. Jahrhunderts andere technische Innovationen wie das Mülltrichtersystem der Maschinenfabrik A. Benver aus Berlin oder der Asche- und Kehrichtschlucker der Firma Otto Poppe aus Kirchberg. Prinzipiell funktionierten beide gleich, obgleich sie im Detail einige Unterschiede aufwiesen. Hauptziel auch dieser Systeme war es, den Hausmüll so schnell wie möglich aus den Wohnungen zu entfernen und dies tunlichst staubfrei zu gestalten. So waren auch hierbei die Forderungen nach einer möglichst hygienischen Abfuhr maßgebend.

Bei beiden Systemen wurde der Müll mittels einer staubverhindernden Einrichtung (bei Benver der Trichter) in den Haushalten in ein Röhrensystem gekippt, welches den Müll aller Wohnungen in einen Sammelbehälter auf dem Hof oder im Keller beförderte. Dabei war das Röhrensystem so eingerichtet, dass Gerüche und Staub über ein Rohr nach oben über das Hausdach abgeführt wurden. Ein Zurückdrängen der Gerüche oder des Staubes in die Wohnungen war durch technische Vorrichtungen (doppelte Verschlüsse) an der Einfüllöffnung unmöglich.[92] Dass sich dieses System nicht durchsetzen konnte, obwohl der „Asche- und Kehrichtschlucker [...] in jeder Wohnung angebracht werden"[93] konnte, hing vermutlich mit den Kosten zusammen. Bei Neubauten ließ sich ein solches System problemlos integrieren, doch die Nachrüstung von Rohren in bestehenden Gebäuden hätte einen enormen Aufwand und hohe Kosten bedeutet.

---

91 Die großen Sammelgefäße wurden beim Charlottenburger Dreiteilungsmodell ab 1907 verwendet.
92 Dörr: Hausmüll, S. 70 f. und S. 80.
93 Ebd., S. 80.

Abbildung 4: Mülltrichtersystem, aus: Dörr: Hausmüll, S. 95.

Kosten der Sammlung und Abfuhr

Die Kosten für Sammlung und Abfuhr wurden zwischen Kommunen und Bürgern aufgeteilt. Ein Vergleich der Kosten beider zwischen 1890 und 1914 vorherrschenden Systeme kam unter Einbeziehung verschiedenster Faktoren[94] zu dem Ergebnis, dass das Wechseltonnensystem mehr Kosten verursachte, als das Umleersystem. Entscheidend hierfür war der Aspekt, dass beim Wechseltonnensystem vor allem durch das Gewicht der Gefäße beim Transport mehr Kosten entstanden. Zudem mussten durch das Tauschsystem mindestens doppelt so viele Tonnen angeschafft werden als konkret in Benutzung waren. Weitere Fak-

---

94 Benötigte Zeit für die Abholung, Lohn der Arbeiter, Unterhaltskosten für die Abfuhrwagen, Anschaffungskosten etc.; Sperhacke: Wirtschaftlichkeitsfragen, S. 19-79.

toren waren der hohe Verschleiß der Tonnen durch Transport und unsachgemäße Behandlung in den Haushalten[95] sowie die Reinigung und Desinfektion der Gefäße.

Obgleich bis zum Ersten Weltkrieg nahezu ausschließlich Pferdefuhrwerke für die Abfuhr genutzt wurden,[96] ist zum Ende des Untersuchungszeitraums bereits ersichtlich, dass sich Kraft- und Elektrofahrzeuge zu einer großen Konkurrenz entwickelten. Das galt in besonderer Weise für das Elektromobil, das in Fürth bereits ausgiebig getestet worden war. Entscheidend war in Fürth die Kopplung mit einer Müllverbrennungsanlage, die durch die Müllverbrennung Energie erzeugte. Diese wurde dann in Form elektrischer Energie den Elektromobilen für die Abfuhr zugefügt. Der eigens erzeugte Strom – gewissermaßen ein Abfallprodukt der Verbrennung – war sehr viel günstiger als gewöhnlicher Strom.[97]

Die Finanzierungspraxis der Abfuhr in den einzelnen Städten durch Gebührenerhebung war im Unterschied zum ersten Aspekt sehr viel komplexer, da es eine Vielzahl von unterschiedlichen Modellen gab:[98]

- Die Kosten wurden von den Hausbesitzern getragen, wobei ihnen ein Prozentsatz des Nutzungswertes abverlangt wurde.
- Die Kosten wurden von den Hausbesitzern getragen, wobei ein Zuschlag auf die Grundstücks- und Gebäudesteuer erhoben wurde.
- Die Kosten wurden von den Hausbesitzern getragen, wobei ein Fixum pro Kübel bzw. pro Kübel pro Jahr verlangt wurde.
- Die Gebühren wurden von den Haushaltsvorständen getragen, wobei ein Prozentsatz der gezahlten Miete berechnet wurde.
- Die Gebühren wurden von den Haushaltsvorständen getragen, bemessen nach der Zahl der bewohnbaren Zimmer.
- Die Gebühren wurden von den Haushaltsvorständen getragen, und zwar in Form eines Fixums pro Familie oder Kübel.
- Die Stadt leistete zu den jährlichen Gebühren einen Zuschuss.
- Alle Kosten wurden von der Stadtkasse getragen.

Bezüglich der ersten drei Punkte war die Praxis die, dass die Hausbesitzer meist die Mieten erhöhten, um die höheren Kosten auszugleichen. Bei den Lösungen 3 bis 6 wurden die Kosten direkt von den Mietern getragen, hierbei scheint jedoch Punkt 6 die einfachste Art der Abrechnung gewesen zu sein, da sie wenig Aufwand benötigte. Die siebte Abrechnungsart erscheint im Detail unlogisch und wurde auch nur in Königsberg praktiziert. Der letzte

95 Der Faktor, dass die Hausbewohner stets eine neue leere Tonne im Wechsel für die volle Tonne bekamen, führte häufig zu einem nachlässigem Umgang; ebd., S. 13 f.
96 Außer in Fürth, Frankfurt a. M. und Köln, wo Elektromobile, Dampfwagen und Automobile für die Abfuhr testweise eingeführt wurden; ebd., S. 11.
97 Ebd.: S. 74 ff.
98 Aufstellung nach Dörr: Hausmüll, S. 354.

Punkt erscheint am einfachsten und sozialsten, doch war er finanziell durch die Gemeinden überhaupt zu bewältigen? Durchaus, da die Städte ihre zusätzlichen Kosten auf die Kommunalsteuer aufschlugen und somit leicht decken konnten. Hinzu kam der soziale Aspekt, dass reichere Einwohner mehr zahlten als die ärmeren Bevölkerungsschichten. Zu erwartende Mieterhöhungen fanden meist nicht statt, da die Hausbesitzer den Zuschlag innerhalb der Kommunalsteuer nur schwerlich aufschlüsseln konnten.[99]

Die Abfuhr unter Anwendung des Metabolismuskonzeptes

Auch wenn das Abfahren des Hausmülls zunächst weder In- noch Output eines städtischen Organismus darstellt, sondern mehr einen internen Prozess, kann es in das Stoffwechselkonzept eingeordnet werden. Die Abfuhr ist gewissermaßen ein interner Arbeitsprozess. Jeder Arbeitsprozess eines Organismus benötigt zwangsläufig Energie, um vollzogen werden zu können. Diese Energie wird bei den Abfuhrprozessen hauptsächlich den verschiedenen Antriebsarten zugeführt. In erster Linie sind dies die Pferde und ihr Futterbedarf. Andere Antriebe wie Motoren brauchen Treibstoff oder Strom. Aber auch die Arbeiter und die Herstellungsprozesse der Wagen und Gefäße verbrauchen Energie. Diese muss in der Regel von außen zugeführt werden und erhöht die Inputs einer Stadt bzw. des Organismus. Bei vorindustriellen Gesellschaften wurden Abfälle meist ohne Transport direkt wieder in den Stoffwechselkreislauf eingefügt und trugen mittels Düngung zur erneuten Energieproduktion bei. Dies ist Zeichen eines basalen Metabolismus. Im erweiterten Metabolismus der Industriestädte hingegen muss die Energie für die Abfuhr aus importierten, nicht nachwachsenden Rohstoffen gewonnen werden. Problematisch ist hierbei, dass erneut Abfälle anfallen. Dies geschieht sowohl bei der Gewinnung der Rohstoffe als auch bei deren Transformation. Der Transport der Abfälle erzeugt somit selbst indirekt wieder Müll und erhöht sowohl den Input als auch den Output eines urbanen Organismus.

Aus dieser Perspektive ist der Transport des Hausmülls zweifellos ein Energieverbraucher. Geschieht die Energiezufuhr für die Transportsysteme allerdings durch aus Abfall erzeugter Energie, so dass der Input von Rohstoffen reduziert werden kann, schließt sich, ähnlich wie in den basalen Metabolismen der Jäger- und Sammlergesellschaften, der Kreislauf. Natürlich ist diese Form der Energiegewinnung und -nutzung nicht mit Stoffkreisläufen der vorindustriellen Zeit gleichzusetzen und muss stets als eine Annäherung betrachtet werden, doch zumindest ist die Einspeisung der aus Abfall gewonnenen und unter anderem dem Abfalltransport wieder zugeführten Energie ein Schritt in Richtung „Nachhaltig-

---

99 Ebd. S. 355.

keit".[100] Ein Schlagwort, das für die Entwicklung des Metabolismuskonzeptes eines der Triebkräfte war, aber im 19. Jahrhundert noch keine Rolle für Entscheidungen bezüglich des zu wählenden Systems darstellte. An erster Stelle standen nach wie vor die Forderungen der Hygienebewegung und die Wirtschaftlichkeit.

Eine solche Darstellung ist jedoch in gewisser Weise idealistisch, da der erweiterte Metabolismus immer auf Rohstoffinputs angewiesen ist. In Bezug auf die Nachhaltigkeit ist zudem anzumerken, dass bei der Verbrennung des Mülls auch eine Transformation stattfindet. Diese gibt bei der Verbrennung freigewordene Stoffe gasförmig an die Luft ab und durch den Wind weitergetragen haben solche Stoffe dann globale Auswirkungen, erneut ein Kennzeichen industrialisierter Gesellschaften. Außerdem brannte der deutsche Hausmüll des ausgehenden 19. und beginnenden 20. Jahrhunderts selten ohne Zufuhr von meist fossilen Brennstoffen, ein Faktor, der den Input weiter steigerte.[101]

100 Es gilt zu beachten, dass die Nutzung von Elektromobilen zur Müllabfuhr keinesfalls die gängige Praxis war, sondern lediglich in Fürth zum Einsatz kam. Bis zum Ersten Weltkrieg wurde der Hausmüll in der Regel durch Pferdefuhrwerke transportiert. So schreibt Sperhacke in seiner Dissertation im Jahre 1913, obgleich seine Zukunftseinschätzung sicherlich nicht ganz richtig war: „Fast ganz allgemein wird man wohl heutzutage noch den Pferdebetrieb vorfinden, der auch nie vollständig beseitigt werden dürfte." Sperhacke: Wirtschaftlichkeitsfragen, S. 11.

101 Vgl. hierzu das Kapitel „Aus den Augen aus dem Sinn" dieser Arbeit.

Modifizierung bereits bekannter Systeme

Folgen täglicher Abfuhr: Wohin mit dem Müll?

Die Gemeinden hatten durch die zunehmende Abschaffung der Müllgruben auf den Hinterhöfen und die Einführung einer regelmäßigen Abfuhr mittels des Umleer- oder Wechseltonnensystems zum Ende des 19. Jahrhunderts die Anforderungen der Hygienebewegung nach schneller Entfernung des Hausmülls aus den Wohnungen zwar erfüllt, standen aber nun vor einem anderen großen Problem: Wohin mit dem Hausmüll?

Denn „ist die hygienisch einwandfreie Einsammlung und Abfuhr des Mülls […] durch entsprechende Ausgestaltung der hierzu erforderlichen Hilfsmittel, Müllkästen und Abfuhrwagen, mit den in der Technik gegebenen Mitteln verhältnismäßig leicht durchführbar, so bietet die definitive, endgültige Beseitigung der gesammelten großen Müllmenge ungleich größere Schwierigkeiten."[102]

Vor allem die immense Menge des Mülls stellte die Städte zunächst vor erhebliche Schwierigkeiten. In Groß-Berlin betrug die Müllmenge im Jahr 1907 pro Tag bereits etwa 1500 Tonnen.[103] In Elberfeld erhöhte sich die Hausmüllmenge zwischen 1893 und 1902 um ca. 30 % (Grafik 1).

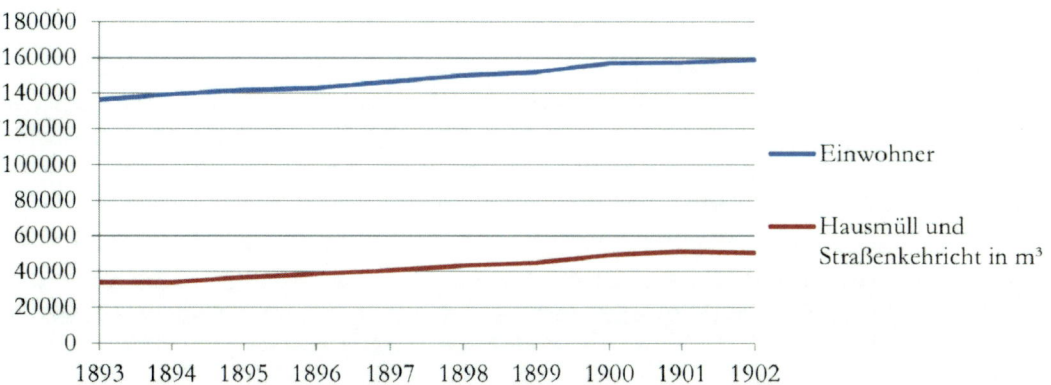

Grafik 1: Entwicklung des Müllaufkommens in Elberfeld von 1893 bis 1902, zusammengestellt nach Koschmieder S. 32.

102 Koschmieder: Müllbeseitigung, S. 32.
103 Ebd., S. 33.

Zunächst nutzten die Städte zur Bewältigung des Problems die augenscheinlich unkompliziert Methode des Aufstapelns auf Abladeplätze. In der Anfangszeit, den 1880er und 1890er Jahren, wurde die Abfuhr meist noch von privaten Fuhrunternehmern erledigt, die den Müll im günstigsten Fall auf eigene Ladeplätze brachten. Doch viele, vor allem kleine Fuhrunternehmen, konnten sich die Unterhaltung eines eigenen Ladeplatzes nicht leisten und „warfen auf unbefestigten Wegen und Feldern ihre Müllladungen ab",[104] wodurch eine Umweltbelastung nicht ausblieb. Neben dieser „wilden" Entsorgung des Hausmülls hielten die Fuhrunternehmer auch häufig ihre Abfuhrtermine nicht ein, so dass die Städte eingreifen mussten. Noch bevor die Gemeinden die Abfuhr zunehmend in Eigenregie übernahmen, wurden städtische Abladeplätze errichtet, auf denen die Fuhrunternehmer ihren Müll abladen konnten.

Aus hygienischer Perspektive konnten die sogenannten Stapelplätze nicht als Lösung angesehen werden. Denn die Fäulnisprozesse, die beim Betrieb der Müllgruben noch so stark kritisiert wurden, fanden auf den Abladeplätzen ähnlich gute Entwicklungsbedingungen. So wurde vor allem bei Regen der Boden und je nach Anlage des Platzes auch das Grundwasser verunreinigt. Der Wind verbreitete die durch Fäulnisgase und Ausdünstungen verunreinigte Luft. Aus diesen hygienisch sehr bedenklichen Gründen legten die Gemeinden zunehmend Wert darauf, diese Plätze möglichst weit außerhalb der Stadt anzulegen, um eine Gefährdung der Stadtbewohner ausschließen zu können.[105] Auch rieten viele Wissenschaftler an, dass die Grundstücke der Ladeplätze in näherer Zukunft nicht bebaut werden dürften.[106]

In Berlin war die Bebauung im Jahre 1893 den erst 1887 errichteten Abladeplätzen schon sehr nahe gerückt, so dass die Stadt in Spreenhagen und Pinnow außerhalb der Stadt zwei Abladeplätze erwarb, die für die nächsten 100 Jahre genügen sollten, aber schon nach knapp 20 Jahren ihre Kapazitätsgrenzen erreichten. Dies stellte die Stadt erneut vor Schwierigkeiten, da 1899 das Abladen von Müll innerhalb des Stadtkreises verboten worden war und sich dieses Gebiet bis 1914 auf eine ca. 30 km breite Ringzone ausgebreitet hatte.[107] Hinzu kam, dass sich die umliegenden Städte zunehmend gegen die Ablagerung des Großstadtmülls zur Wehr setzten. Ein erster Fall ist hierbei der Streit zwischen Berlin und Fürstenwalde um den zu Fürstenwalde gehörenden Abladeplatz bei Spreenhagen, von welchem

104 Röhrecke, Bruno: Müllabfuhr und Müllbeseitigung. Ein Beitrag zur Städtehygiene unter Benutzung meist amtlicher Quellen, Berlin 1901, S. 137.

105 Hinzu kam hierbei noch, dass das Bauland in der näheren Berliner Umgebung ab 1875 enorm im Wert stieg.

106 Koschmieder: Müllbeseitigung, S. 33 f.

107 Köstering, Susanne: „Der Müll muss doch raus aus Berlin!" Standortbestimmung und Umweltverträglichkeit von Müllabladeplätzen, in: Dies.: Müll von gestern? Münster 2003, S. 39-48, hier S. 41 f.

eine Beeinträchtigung für ein Forsthaus ausgehen sollte. So formulierte der Hygieniker Theodor Weyl 1902:

Auf Grund der vorstehenden Erörterungen gebe ich also mein Gutachten wie folgt ab: Durch die von der Müllabladestelle ausgehenden Gerüche, durch den von der Müllabladestelle ausgehenden Staub, durch die von der Müllabladestelle herstammenden Insekten findet eine Belästigung der Bewohner des Hauses Kribbelacke statt, die ich als eine übermäßige bezeichne. "[108]

Das Landgericht kam dann im Jahre 1905 zu dem Urteil, dass die Stadt Berlin die Grundstücke der Stadt Fürstenwalde in Spreenhagen vor Insekten, Staub und Gerüchen zu schützen und die Stadt Fürstenwalde zu entschädigen habe. In einem weiteren Urteil des Kammergerichts wurde lediglich die Anschuldigung bezüglich der Insekten zurückgenommen, der Rest des Urteils blieb bestehen.[109] Dieser Streit wurde gewissermaßen zu einem Präzedenzfall und zwang die Städte, Vorkehrungen gegen die Beeinträchtigung der Umgebung, welche von den Abladeplätzen ausging, zukünftig zu vermeiden.

Eine andere, hygienisch bisweilen etwas bessere und trotzdem einfache Methode der Städte, sich des Hausmülls zu entledigen, bestand in der Aufhöhung von tiefer gelegenen Flächen wie Moor- oder Sandböden. Hierbei war es wichtig, dass der frische Müll regelmäßig, am besten täglich, mit frischer Erde bedeckt wurde. So entstand nicht nur eine ebene Fläche, sondern auch ein fruchtbarer, humusartiger Boden, denn unter der Erdschicht wurden die organischen Stoffe des Mülls mineralisiert. In ähnlicher Weise geschah dies auch bei der Aufschüttung des sogenannten Scherbelberges in Leipzig, denn auch hier wurde der Müll immer wieder mit Erde abgedeckt.[110] Unter den Voraussetzungen, dass der frische Müll bedeckt, aus dem Untergrund von Abladeplätzen kein Grundwasser zu Trinkwasserzwecken entnommen und Belastungen der Umgebung verhütet wurden, wurden Abladeplätze von Experten als hygienisch nicht gefährdend angesehen.

„Wir können uns nicht denken, dass selbst im Falle von Epidemien durch diesen Kehrichthügel, sofern er in richtiger Weise aufgebaut und entsprechend beaufsichtig wird, Gefahren entstehen können und müssen nach den Leipziger Ortsverhältnissen die dortige Lösung der

108 Weyl, Theodor: Der Streit zwischen Berlin und Fürstenwalde um den Abladeplatz bei Spreenhagen, in: Gesundheits-Ingenieur 25 (1905), Nr. 26, S. 437-440, hier S. 439; zu Theodor Weyl (1851-1913), Mediziner mit den Spezialgebieten Chemie, Bakteriologie und Hygiene, vgl. Wrede, Richard (Hg.): Das geistige Berlin, Bd. 3, Berlin 1898.
109 Weyl: Streit, S. 439 f.
110 Koschmieder: Müllbeseitigung, S. 35.

Frage, für eine in vieler Hinsicht ausserordentlich zweckmäßig halten, die ausserdem den Vorzug grosser Billigkeit hat."[111]

Zusammenfassend lässt sich also sagen, dass der Müll in der Anfangszeit nach der Einführung der geregelten Abfuhr möglichst kostengünstig auf Ödländereien wie Kiesgruben oder einfach auf Stapelplätze gebracht wurde. Geplante Terrainausgleiche mit Müll waren jedoch nicht die Regel, umso plausibler erscheint die Suche nach Alternativen vor allem in der Hochzeit der Entwicklung verschiedener Lösungsansätze während der 1890er Jahre.

Die landwirtschaftliche Nutzung des Hausmülls

Die Verwertung des Hausmülls galt allgemein als die „älteste, billigste und einfachste Art",[112] das Müllproblem zu lösen. Hierbei bestand die „einfachste Möglichkeit der landwirtschaftlichen Verwertung [...] in der Ausbreitung des Mülls auf den Ländereien."[113] Neben den Ödländereien und Kiesgruben waren dies landwirtschaftlich genutzte Flächen. In vorindustrieller Zeit holten sich die Landwirte den Hausmüll aus den am Hause befindlichen Müllgruben circa zweimal im Jahr, um damit die Felder zu düngen. Doch nach dem Wegfall der Fäkalstoffe im Hausmüll durch den Bau von Kanalisationen sank der Dungwert enorm. Außerdem konnten die Landwirte nicht die hygienischen Forderungen der Zeit nach einer wöchentlichen Leerung erfüllen, weil sie erstens den Müll nicht das ganze Jahr über zur Düngung benötigten[114] und zweitens eine regelmäßige wöchentliche Leerung aufgrund des Aufwandes nicht mehr wirtschaftlich gewesen wäre. Zudem war sowohl der Kunstdünger als auch der Mist aus der Viehhaltung eine zunehmende Konkurrenz für die landwirtschaftliche Verwendung des Hausmülls.[115] Aus diesen Gründen ging das Interesse der Landwirte am Hausmüll erheblich zurück.

111 Röhrecke: Müllabfuhr, S. 147 f.
112 Ebd., S. 136.
113 Lindemann: Verbrennung, S. 94.
114 Ohne Autor: Müllbeseitigung und Müllverwertung, S. 163. Weyl zitierte den 1901 verstorbenen Franz Andreas Meyer.
115 Lindemann: Verbrennung, S. 94.

Begründungen für das Ende der landwirtschaftlichen Nutzung des Hausmülls finden sich in der Forschungsliteratur,[116] aber auch bei zeitgenössischen Autoren[117] immer wieder. Fundiert und schlüssig sind diese Begründungen zweifellos – doch ist die Frage nach dem landwirtschaftlichen Nutzen und der Verwendung des Hausmülls so leicht noch nicht beantwortet. Denn warum gab es, wenn der Hausmüll für die Landwirtschaft so unattraktiv war, einen „Sonderausschuß für Abfallstoffe" in der „Dünger-(Kainit-)Abteilung" der Deutschen Landwirtschafts-Gesellschaft (DLG),[118] die sich vor allem mit der Nutzung städtischer Abfallstoffe zu Dungzwecken beschäftigte und auch viele Versuche mit Hausmüll durchführte?[119] Diese Gremien bilden ab, dass von Seiten der Landwirtschaft durch-

---

116 Ebd.
117 Hierbei handelt es sich meist um Befürworter der Müllverbrennungsmethode. So schrieb beispielsweise Matthes 1903 in einem Artikel des Gesundheitsingenieurs, in welchem er einen Beitrag von C. Adam aus dem Technischen Gemeindeblatt, VI. Jahrgang, Nr. 1, 1903, zusammenfasste: „Die landwirtschaftliche Verwertung des Mülls ist für die meisten Großstädte nicht mehr durchführbar, weil der Hauskehricht nicht genügende Abnahme findet. Durch die Vermehrung der Viehhaltung infolge des größeren Fleisch- und Milchverbrauchs der anwachsenden Städte steht der Landwirtschaft eine reichliche Menge von Stalldünger und durch die Fortschritte der Wissenschaft eine Reihe von billigen künstlichen Düngemitteln zur Verfügung. Die Qualität des Mülls hat sich durch Änderung seiner Zusammensetzung verschlechtert. Sein Gehalt an Substanzen von höherem Dungwert hat sich seit der fortschreitenden Kanalisation der großen Städte verringert, dagegen hat die Beimischung von Stoffen, die für den Landwirt keinen Wert haben oder gar einen Nachteil bedeuten, in den letzten Jahrzehnten zugenommen. [...] Unter derartigen Verhältnissen verdient also die Müllverbrennung sowohl vom gesundheitlichen wie vom wirtschaftlichen Standpunkt stets den Vorzug." Matthes, o.A.: Zusammenfassung des Artikels von Adam, C.: Müllverbrennung oder landwirtschaftliche Verwertung (Technisches Gemeindeblatt, VI. Jahrgang, Nr. 1, 1903), in: Gesundheitsingenieur, 26 (1903), S. 248.
118 Vgl. Allgemeine Informationen zur DLG im Rahmen eigener Veröffentlichungen, hier: Vogel, Johann Heinrich: Die Verwertung der städtischen Abfallstoffe, Berlin 1896 (= Arbeiten der Deutschen Landwirtschafts-Gesellschaft, Heft 11); sowie Hoffmann: Latrine.
119 Und warum beschreiben Zeitgenossen 1895 die Situation folgendermaßen: „Wenn Sie im Frühling eine Reise machen, erkennen Sie das Nahen einer größeren Stadt zuerst an den Äckern, welche mit städtischem Kehricht gedüngt sind. Überall blinken ihnen Scherben entgegen, dazwischen sehen Sie Conservenbüchsen, Stücke von Reifröcken, von Corsets, von Sprungfedern, zerbrochene Kämme und dergleichen, die Hecken und Raine hängen voll Papier- und Lumpenfetzen. An anderen Stellen erblicken Sie ganze Scherbenberge; Unebenheiten im Terrain, verlassene Kiesgruben und dergleichen sind mit Kehricht ausgefüllt", wenn der Hausmüll in der Landwirtschaft kaum noch Anwendung fand? Zitat aus Reincke, J.; Meyer, Franz Andreas: Beseitigung des Kehrichts und anderer städtischer Abfälle, besonders durch Verbrennung, in: Deutsche Vierteljahrsschrift für Öffentliche Gesundheitspflege 27 (1895), S. 12, zitiert nach Köstering: Standortbestimmung, S. 39.

aus Interesse an der Verwertung des Hausmülls bestand.[120] Wenngleich es zu „Beginn des 20. Jahrhunderts [...] in Deutschland kaum noch Landwirte [gab], die Hausmüll zur Ackerdüngung verwendeten",[121] verdienen die Ansätze, Bemühungen und Entwicklungen auf diesem Gebiet eine genauere Betrachtung,[122] denn „trotz alledem wurden verschiedene Variationen getestet, um die landwirtschaftliche Verwertung weiterhin durchzuführen."[123] Es ist also durchaus eine kontroverse Diskussion bezüglich der Verwendung des Hausmülls für landwirtschaftliche Zwecke zu beobachten. Auf der einen Seite stand eine große Gruppe, die die Verwendung ausschloss und thermische Entsorgungsverfahren befürwortete, auf der anderen die Forscher in der DLG, die seit 1880 bereits Versuche zur landwirtschaftlichen Verwendung anstellten.[124]

Einer der wichtigsten Aspekte bei der landwirtschaftlichen Verwertung des Hausmülls war der Dungwert, welcher eng mit der Zusammensetzung des Mülls in Verbindung stand. Die Städte verkauften den Müll in der Regel von den Abladeplätzen aus an die Landwirte.[125] Auch aus diesem Grund waren die Abladeplätze, neben hygienischen Bedenken, häufig außerhalb der Städte angelegt, so dass die Bauern den Hausmüll leicht abholen konnten. Stoffe, welche den Dungwert des Mülls herabsetzten, wurden häufig bereits vorher aussortiert. Hierzu gehörten die sogenannten Sperrstoffe. Lumpen und Metalle konnten noch anderweitig Verwendung finden und wurden verkauft. Für Scherben, Steine und Schlacken gab es jedoch keine Verwertung mehr.

---

120 Auch wenn der Sonderausschuß für Abfallstoffe der DLG 1906 aufgelöst wurde (Rüb: Grenzen, S. 89 f.), bedeutete das noch nicht zwangsläufig, dass es kein Interesse mehr gab, da die Dünger-Abteilung auch in der Folgezeit einen Teil der Forschungen auf diesem Gebiet übernahm.

121 Rüb: Grenzen, S. 87.

122 Hauptverfechter der landwirtschaftlichen Nutzung des Hausmülls waren Bruno Röhrecke, der viele praktische Versuche unternahm, aber auch Theodor Weyl.

123 Lindemann: Verbrennung, S. 94 f.

124 Anfänglich lag der Fokus bei der landwirtschaftlichen Verwertung der städtischen Abfallstoffe bisweilen noch auf den menschlichen Abfallstoffen. 1885 unterstützte die DLG, auch finanziell, das Poudrettierungsverfahren. Es handelte sich hierbei um ein chemisches Verfahren zur Nutzbarmachung menschlicher Abfälle. Durch Eindampfen unter Zusatz von Schwefelsäure entstehen die sogenannten Poudrette (Fäkaldünger), welche Stickstoff, Phosphorsäure, und Kali enthalten; Pöpel, Max: Die Nutzbarmachung der menschlichen Abfallstoffe, in: Zeitschrift für technischen Fortschritt 1 (1916), S. 188-190, sowie Lueger, Otto: Lexikon der gesamten Technik und ihrer Hilfswissenschaften, Siebenter Band, Stuttgart 1904, S. 201 f. 1891 wurde der Sonderausschuß gegründet und zunehmend rückte, wie in einem Fragebogen an die großen deutschen Städte ersichtlich, auch der Hausmüll in den Vordergrund. 1894 wurde ein eigenes Versuchszentrum, das „Agrikulturchemische Versuchs-Laboratorium", gegründet; Vogel: Abfallstoffe, S. 1-4.

125 Gleiches galt auch für private Abladeplätze.

Aber wie so oft bei der Hausmüllthematik gab es große Differenzen zwischen den einzelnen Städten. So konnte in einigen Kommunen der Müll problemlos an die Landwirte verkauft werden, in anderen hingegen musste der Dungwert durch Beimischung von Kalk, Knochenmehl, Phosphaten, Thomasschlacke oder sogar Klärschlamm erhöht werden, um überhaupt noch Hausmüll an die Bauern absetzen zu können.[126] Häufig war wahrscheinlich nicht einmal der prozentuale Anteil der Sperrstoffe am Hausmüll für die Landwirte entscheidend, sich gegen die Verwendung desselben auszusprechen, sondern es genügte die bloße Anwesenheit dieser Stoffe. Bei der Betrachtung der Zusammensetzung des Berliner Mülls aus dem Jahre 1895 ist nämlich ersichtlich, dass die landwirtschaftlich nützlichen Stoffe wie Feinmüll, Fleisch- und Pflanzenteile sowie Knochen mehr als 85 % des gesiebten Gesamtmülls ausmachten (Tab. 1 im Anhang).

Es ist denkbar, dass vor allem der Anblick der Stapelplätze die Landwirte abgeschreckt hat, da sie bisweilen davon ausgingen, dass der Hausmüll ähnlich wie auf den Stapelplätzen, wo er nicht abgedeckt wurde und durch das Überfahren der Abfuhrwagen gepresst war, auch auf ihren Feldern liegen bleiben würde. Eine Vorstellung, die von Seiten der Befürworter der Müllverbrennung bisweilen Eingang in die Diskussion fand. Versuche zeigten hingegen, dass aus dem Hausmüll mittels Kompostierung, bei der der Müll nach der Ablagerung mit einer dünnen Schicht Erde belegt wurde, binnen eines Jahres ein guter Dünger entstehen konnte.[127] Gesiebter oder auch kompostierter Müll hatte also durchaus noch einen Wert für die Landwirte. Voraussetzung hierfür war jedoch, dass er kostengünstig oder gar kostenlos[128] von den Städten zur Verfügung gestellt wurde, um wettbewerbsfähig zu sein, und dass aus hygienischer Sicht keine Gefährdung vom Hausmüll ausging.

Anfang des 20. Jahrhunderts wurde eine Düngung von Bodenarten wie Sand- und Moorböden mit Müll von vielen Wissenschaftlern als nützlich angesehen. Entscheidend hierfür waren die Aschenanteile und organischen Substanzen im Müll. Sperrstoffe wurden entweder vorher aussortiert oder nach Aufbringung auf die Böden ausgelesen, da diese keinen Dungwert besaßen und als Gefährdung für die Zugtiere angesehen wurden. Ein wichtiger Punkt für eine erfolgreiche Düngung war das regelmäßige über Jahre zu praktizierende Umpflügen des Bodens. Zusätze von Stallmist wurden ebenfalls als begünstigend mit angeführt. Anders als bei Äckern störten die Sperrstoffe bei der Melioration von Wiesen nicht, da sie beim Walzen des noch weichen Bodens einsanken und später beim Mähen kein Problem darstellten. Die Erträge konnten durch diese Verwendung des Hausmülls derart

---

126 Ohne Autor: Bericht der XIV. Versammlung des Deutschen Vereins für Öffentliche Gesundheitspflege zu Frankfurt am Main, in: Zeitschrift für Öffentliche Gesundheitspflege 21 (1889), S. 204-262, hier S. 221.

127 Als Beleg dienen hierbei die Versuche Röhreckes auf seinem Abladeplatz an der Spree; Röhrecke: Müllabfuhr, S. 140-165; Koschmieder: Müllbeseitigung, S. 36.

128 Koschmieder hielt, unter Bezug auf die Arbeiten Vogels, einen Maximalpreis von 0,5 Mark pro Kubikmeter für wettbewerbsfähig, obgleich der Preis immer von den örtlichen Verhältnissen abhängig war; Ebd.

gesteigert werden, dass die Landwirte die Kosten nach zweijähriger Ernte wieder einge-
bracht hatten.[129] Besonders zu Beginn des 20. Jahrhunderts wurde die Verwendung von
Hausmüll zu Düngezwecken häufig von staatlicher Seite gefördert, da man sich eine Steigerung der Agrarproduktion erhoffte.[130]

Trotz dieser Erfolge sahen aber auch die Befürworter der landwirtschaftlichen Nutzung
Probleme bei dieser Methode. So konnten sie keine Beweise dafür erbringen, dass der Müll
für die Gesundheit des Menschen ungefährlich sei.[131] Zudem hing bei dieser Art der Beseitigung stets viel von der Entscheidung der Landwirte ab, was in Epidemiezeiten häufig zu
Problemen führte, da die Landwirte sich weigerten, die städtischen Abfallstoffe abzunehmen.[132] Ein weiteres Problem, das die Vertreter der landwirtschaftlichen Methode ebenfalls
nicht aus der Welt schaffen konnten, lag in der Natur selbst, denn im Winter benötigt die
Landwirtschaft keine Düngemittel. Auch der Transportweg des Hausmülls durfte aus wirtschaftlichen Gründen nicht zu weit sein.[133]

Es bleibt demnach festzustellen, dass die landwirtschaftliche Verwertung des Hausmülls
durchaus zur Ertragssteigerung bestimmter Böden beitrug und somit praktikabel war,
obgleich der Hausmüll meist meliorierend und nicht düngend wirkte.[134] Dennoch konnte
dies nicht als einzige Lösung praktiziert werden, da die landwirtschaftliche Nutzung zu viele
Schwächen aufwies. Ihre größte war, dass sie nicht den ganzen Müll einer Großstadt wie
beispielsweise Berlin aufnehmen konnte. Außerdem konnte der Hausmüll auch nicht in
der Form, wie er aus den Haushalten abgefahren wurde, verarbeitet werden, sondern es
bedurfte meist einer Aussortierung der Sperrstoffe. Folglich mussten noch ergänzende oder
alternative Lösungsansätze gefunden werden, um das Müllproblem der Großstädte zu
lösen.

129 Koschmieder: Müllbeseitigung, S. 38.
130 Rüb: Grenzen, S. 87. Besonders nach dem Ersten Weltkrieg rückte eine Nutzung des Haus-
     mülls zunehmend wieder in den Vordergrund.
131 „Auf alle Fälle ist das Sortieren des Kehrichts aber ein hygienisch sehr bedenklicher Vorgang!
     Nicht allein, dass die Sortierer der Infectionsgefahr ausgesetzt sind, auch durch die Abgabe der
     ausgesonderten Gegenstände können ansteckende Krankheiten übertragen werden." Röhrecke:
     Müllabfuhr, S. 145.
132 So geschehen in Hamburg 1892 im Zuge der Choleraepidemie, als sich alle Landgemeinden in
     der Umgebung Hamburgs weigerten, den aus ihrer Sicht gesundheitsgefährdenden Großstadt-
     müll aufzunehmen. Dieser Umstand begünstigte dort die schnelle Durchsetzung des Baus einer
     Müllverbrennungsanlage; vgl. auch das Kapitel „Die Entwicklung neuer Systeme" dieser
     Arbeit.
133 Röhrecke veranschlagte die Transportgrenze bei etwa 3 km. Nur wenn günstige Transportwege,
     beispielsweise der Wasserweg, zur Verfügung stünden, könne die Transportweite erhöht wer-
     den; Röhrecke: Müllabfuhr, S. 143.
134 So die Auffassung Johann Eugen Mayers; Mayer: Müllbeseitigung 1915, S. 28.

„Materie am falschen Ort"[135] – Rohstoffrückgewinnung durch Sortierung

Bereits bei der landwirtschaftlichen Methode musste der Hausmüll mittels Sortierung von den Sperrstoffen befreit werden. Nur so hatte er einen Nutzen für die Landwirte. Es ist also ersichtlich, dass diese zwei Verfahren häufig miteinander gekoppelt Anwendung fanden. Ähnlich wie die landwirtschaftliche Methode zur Beseitigung des Hausmülls gehört auch die Sortierung zu den ältesten Verfahren der Menschheitsgeschichte im Umgang mit häuslichen Abfallstoffen. Obgleich diese beiden Lösungsansätze scheinbar eng miteinander verbunden sind, basieren sie doch auf höchst unterschiedlichen Motivationen. Ziel der landwirtschaftlichen Methode war es in erster Linie, Aschen und organische Materialien zu verwerten. Doch die zunehmend veränderte Zusammensetzung des Hausmülls stellte den landwirtschaftlichen Ansatz vor Probleme, so dass eine Sortierung zwangsläufig nötig wurde, um beispielsweise die Sperrstoffe zu separieren. Die Motivation der Sortierung war hingegen eine ganz andere. Den Vertretern dieser Methode[136] ging es darum, die im Müll noch vorhandenen Rohstoffe in den volkswirtschaftlichen Kreislauf zurückzuführen. Aschen und organische Bestandteile waren hierbei nur ein Teilaspekt und sollten der Landwirtschaft als Düngemittel zur Verfügung gestellt werden.[137] Vor allem in den Städten besaß der Hausmüll viele noch verwertbare Stoffe, da diese Gegenstände in den kleinen Wohnungen nicht aufbewahrt werden konnten und somit zwangsläufig in den Sammelgefäßen landeten. Zudem führte die Industrialisierung im Bereich der Lebensmittel dazu, dass vermehrt Blechdosen als Abfall anfielen.

Wurde der Müll in vorindustrieller Zeit oder auch in nicht urbanisierten Regionen seit jeher in den Haushalten sortiert,[138] fand die Sortierung in den Großstädten meist erst nach der Abfuhr auf den Abladeplätzen statt. Bei der Sortierung auf den Stapelplätzen müssen zwei unterschiedliche Formen betrachtet werden, zum einen das inoffizielle und zum anderen das von der Stadt offiziell genehmigte Durchsuchen. Bei der inoffiziellen oder auch „wilden" Methode suchten Menschen in unerlaubter Weise die städtischen Abladeplätze nach noch brauchbaren Gegenständen ab. Diese Personen wurden zeitgenössisch als „Na-

---

135 Ohne Autor: Müllbeseitigung und Müllverwertung, S. 161.
136 Ihr prominentester Vertreter war der Chemiker Hans Thiesing (*1867), Professor für Wasser-, Boden- und Lufthygiene, „der als Wissenschaftler an der 1901 gegründeten Berliner Königlichen Versuchs- und Prüfungsanstalt für Wasserversorgung und Abwässerbeseitigung tätig war." Rüb: Müll, S. 28; Degener, Hermann: Wer ist's? Unsere Zeitgenossen, 10. Ausgabe, Berlin 1935, S. 345.
137 Lindemann: Verbrennung, S. 96.
138 Essensreste und Küchenabfälle gingen an die Haustiere oder fanden als Dünger im Gemüsegarten Verwendung, brennbare Bestandteile wurden im Ofen verbrannt und den Rest bekamen meist die Lumpensammler.

turforscher" bezeichnet. Sie durchsuchten wohl nicht nur Abladeplätze, sondern auch die Müllbehälter der Häuser ganz nach dem Motto: „Was der eine wegwirft, ist dem andern noch wertvoll."[139] Bei der offiziellen Methode erhielten bestimmte Personen oder Unternehmen von der Stadt die Erlaubnis, den Müll zu „schalen", das heißt nach noch verwendbaren Gegenständen zu durchsuchen.

Abbildung 5: Auslese von Speiseresten,
aus: Fodor, Etienne de: Elektrizität aus Kehricht, S. 42.

Eine manuelle Aussortierung auf den Abladeplätzen wurde in der Folgezeit zunehmend durch die Errichtung von Sortieranlagen institutionalisiert. Dort wurde zwar auch manuell, aber effektiver, weil an einem Fließband, sortiert. Häufig wird dieses Verfahren als ein kontinentales Phänomen bezeichnet, da sich in England die Müllverbrennungsanlagen gegen

139 Mayer: Müllbeseitigung, S. 41.

alle anderen Methoden durchgesetzt hatten. Dennoch gab es auch auf der Insel in der Anfangszeit Versuche, den Müll zu sortieren.[140]

Im Folgenden sollen nun exemplarisch die Anlagen in Amsterdam, Budapest und Puchheim bei München, sowie das Charlottenburger Dreiteilungsmodell vorgestellt werden. Diese Beispiele sind ganz bewusst gewählt:

- Amsterdam, weil die Sortierung dort sehr wirtschaftlich war,
- Budapest, weil die dortige Anlage gewissermaßen eine Vorreiterrolle einnahm,
- Puchheim, weil sie die größte deutsche Anlage war und das
- Charlottenburger Dreiteilungsmodell, weil es mit der Vorsortierung in den Haushalten ein ganz neues Konzept präferierte.

Die Sortierung in Amsterdam

Obgleich der Fokus dieser Arbeit auf der Hausmüllentsorgung in Deutschland liegt, lohnt ein nach Westen gerichteter Seitenblick auf die Entwicklung der Sortierung in Amsterdam. Meist legen Untersuchungen zum Sortierungsverfahren ihren Startpunkt in das Jahr 1895,[141] weil in diesem Jahr in Budapest die erste Großsortierungsanlage für Hausmüll ihren Betrieb aufnahm. Die Untersuchungen enden dann in der Regel mit der Beschreibung des Dreiteilungssystems zum Ende des „langen 19. Jahrhunderts". Mit dem Ergebnis, dass diese Form der Verwendung des Hausmülls gescheitert war. Eine Betrachtung der Entwicklungen vor 1895 findet kaum statt, und genau aus diesem Grund soll die Amsterdamer Sortierung hier thematisiert werden.

„In mustergültiger Weise wird das Auslesen des Kehrichts in Amsterdam besorgt."[142] Dieser Satz leitet den kurzen Abschnitt über die Sortierung in Amsterdam in Johann Heinrich Vogels[143] Untersuchung „Die Verwertung der städtischen Abfallstoffe" aus dem Jahre 1896 ein. Der Satz überrascht, wurde die Sortierung doch überwiegend als hygienisch bedenklich und zu kostenintensiv beschrieben. Was machte die Amsterdamer Sortierung

---

140 So in Manchester; Hösel: Abfall, S. 208; aber auch in Chelsea ab 1891. Diese Anlage wurde jedoch schon bereits 1895 wieder geschlossen, da englische Hygieniker die Sortierung als unhygienisch und unsachgemäß bezeichneten; Röhrecke: Müllabfuhr, S. 33; Weyl, Theodor: Bemerkungen über den Stand der Müllbeseitigung, mit besonderer Rücksicht auf die Sortieranstalten, in: Ders.: Fortschritte der Strassenhygiene, Erstes Heft, Jena 1901, S. 59-66, hier S. 60; darüber hinaus dürften wohl auch wirtschaftliche Gründe zu der Schließung beigetragen haben.

141 Windmüller: Kehrseite, S. 164.

142 Vogel: Verwertung, S. 446.

143 Dr. Johann Heinrich Vogel (1862-1930) war Geschäftsführer des Sonderausschusses für Abfallstoffe und Vorsteher der Versuchsstation der Deutschen Landwirtschafts-Gesellschaft.

nun so „mustergültig"? Dort wurden „verzinktes Eisen, Zinn, Zink, Weismetall, Kupfer, Messing, Bronze, Blei, emailliertes Eisen, Gusseisen, verzinntes Eisenblech, Glas, Knochen, Schuhe und Leder, Papier und Lumpen mit ca. 3,35 % von der Gesamtmüllmenge sortiert und zum Verkaufe gebracht."[144] Interessant bei der Betrachtung der aussortierten Gegenstände ist der hohe Anteil an Teppichen sowie Textilen generell, was als Reflex auf die zunehmende Massenproduktion im Textilsektor, die Verbilligung und Qualitätsminderung neuer Textilien verstanden werden kann.

In Amsterdam wurden keine anderen Stoffe aussortiert als in vergleichbaren europäischen Anlagen auch, doch die Menge war eine andere. Der Amsterdamer Müll verfügte über eine besondere Zusammensetzung durch den Umstand, dass Amsterdam einer der großen Handelsumschlagplätze des 19. Jahrhunderts war. Durch Umladen, Bruch und Verpackung fiel dort folglich eine nicht zu vernachlässigende Menge verwertbaren Mülls an. Hinzu kamen die günstigen Abfuhrbedingungen, die in Europa nur mit den wenigsten Städten vergleichbar waren. So wurde der Hausmüll in Amsterdam zu ca. 65 %[145] über die Grachten abtransportiert und auf größere Kähne umgeladen. Es fielen folglich weitaus geringere Abfuhrkosten an, als beim Abtransport durch Pferdefuhrwerke. Die Kosten für die Abfuhr betrugen in den Jahren 1890 und 1891, 76.041 bzw. 74.361 Gulden.[146] Die Einnahmen durch den Verkauf[147] der aussortierten Waren beliefen sich für die beiden Jahre jedoch auf 135.572 bzw. 104.730 Gulden. Die Stadt Amsterdam konnte durch die Sortierung also einen Gewinn erzielen. Leider muss an dieser Stelle die Frage nach der Verwertung der nicht verkäuflichen Anteile des Mülls unbeantwortet bleiben, da hierzu keine Angaben vorliegen.[148] Nicht eindeutig zu beantworten ist auch die Frage, ob der Müll überhaupt in einer Sortieranlage sortiert wurde oder ob die Selektion bereits auf den Kähnen stattfand.[149] Letztere scheint die wahrscheinlichere Praxis gewesen zu sein, da keinerlei Kosten für den Betrieb oder die Errichtung einer Anstalt zu finden sind. Außerdem ist lediglich die Rede von einem „Aufbewahrungsschuppen für die ausgelesen Gegenstän-

---

144 Dörr: Hausmüll, S. 386; für eine ausführliche Auflistung aller aussortierten Gegenstände, deren Menge und Erlös für die Jahre 1890/91 vgl. Vogel: Verwertung, S. 448-453.

145 Ebd., S. 446.

146 1 Gulden = 1,8 Mark, nach ebd., S. 447.; die Gesamtkosten für die Abfuhr (inklusive Arbeitslohn etc.) betrugen 1890: 79.311 Gulden und 1891: 76.520 Gulden; ebd., S. 446.

147 Der Verkauf erfolgte durch Versteigerung; ebd.

148 Vogel, Vertreter der landwirtschaftlichen Nutzung des Mülls, kritisierte lediglich, dass der angesammelte Staub nur zu einem geringen Teil zu Dünger verarbeitet wurde; ebd. S. 447.

149 Vogel sprach nicht von einer Sortieranlage, Anstalt etc.. Spätere Autoren, die sich augenscheinlich auf die Ausführungen Vogels beziehen, schon; Röhrecke: Müllabfuhr, S. 32 f.; Koschmieder: Müllbeseitigung, S. 42 f.; Dörr: Hausmüll, S. 386. Meines Erachtens handelt es sich hierbei um einen Verständnisfehler, so spricht Vogel von 40 verschiedenen Abteilungen, meint damit aber lediglich die 40 verschiedenen aussortierten Stoffgruppen. Dies könnte zu Fehlinterpretationen geführt haben.

de".[150] Wie lange die Sortierung in Amsterdam funktionierte ist nicht belegt, allerdings wurde im Jahre 1914 der Bau einer Müllverbrennungsanlage beschlossen, die als die größte europäische Anlage angepriesen wurde.[151]

Dieser kurze Exkurs in die Amsterdamer Stadtgeschichte zeigt, dass die Sortierung bei günstigen topografischen und wirtschaftlichen Gegebenheiten ein profitables Unternehmen darstellen konnte.

Neue Dimensionen der Sortierung – Die Budapester Sortieranlage

Im Jahre 1895 begann mit der Fertigstellung der Budapester Sortieranlage ein neues Kapitel in der Bewältigung des Hausmüllproblems. Erstmals kann in diesem Zusammenhang von einer „industrialisierten Müllentsorgung"[152] gesprochen werden. Es entstand eine Großanlage, die als Vorbild aller später in Europa gebauten Anlagen betrachtet werden kann.

Abbildung 6: Hauptgebäude der Budapester Sortieranlage,
aus: Fodor, Etienne de: Elektrizität aus Kehricht, S. 35.

150 Vogel: Verwertung, S. 446.
151 Ohne Autor: Mitteilung über die Müllverbrennungsanlage in Amsterdam, in: Gesundheits-Ingenieur 37 (1914), S. 421.
152 Windmüller: Kehrseite, S. 164.

Der Weg des Hausmülls in die Sortieranlage erfolgte per Pferdekarren und Eisenbahn. Die Abfuhrwagen sammelten den Müll unter Verwendung des Umleersystems. Dies geschah täglich in den Morgenstunden. Die vollen Sammelbehälter der Wagen wurden auf einem außerhalb des Stadtzentrums liegenden Umladeplatz[153] unter Verwendung eines Krans auf Eisenbahnwaggons verladen und in die von dort aus etwa vier Kilometer entfernte Sortieranstalt[154] transportiert. Dort wurde der Inhalt der Behälter in Loren umgefüllt und über eine schräge Bahn in die vierte Etage der Sortieranstalt geführt.[155] Hier wurde der Müll mehrmals mittels Trommeln gesiebt,[156] und die nicht ausgesiebten oder vom Exhaustor abgeblasenen Bestandteile gelangten auf ein Fließband und wurden manuell auf noch verwertbare Anteile durchsucht.[157] Die ausgesiebten Bestandteile wurden zu Düngezwecken verwendet. Zu denen am Fließband sortierten Stoffen gehörten Knochen, Lumpen, Papier, Emaille- und Weißbleche sowie Eisen, Gummi und Kork. Alle diese Stoffe wurden ohne jegliche Weiterbehandlung an die Industrie oder Zwischenhändler verkauft. Die Stoffe, die keine Verwertung in der Landwirtschaft fanden, wurden gestapelt. Leider liegen hierzu keine exakten Werte vor.[158] Eine Vielzahl der aussortierten brennbaren Bestandteile wurde zum Betrieb der Anlage verwendet.[159]

153 Zum Zeitpunkt der Errichtung handelte es sich noch um unbebautes Gebiet, durch das Wachstum Budapests war die städtische Bebauung jedoch schon wenige Jahre später bis zum Umladeplatz vorgestoßen, Fodor, Etienne de: Elektrizität aus Kehricht, Budapest 1911, hier: S. 26.

154 Die Sortieranlage lag folglich ca. 7-9 km außerhalb der Stadt in der Ortschaft St. Lörincz.; Fodor: Elektritzität, S. 32.

155 Die vielen Kehrichthügel in der Umgebung der Sortieranstalt sowie eine vorhandene Sammelgrube lassen jedoch darauf schließen, dass der Müll bisweilen zwischengelagert werden musste, da sonst die Kapazitäten der Anlage überschritten worden wären. Zu den Hügeln und der Sammelgrube vgl.: Fodor: Elektrizität, S. 25, 33.

156 Die Trommeln standen schräg, rotierten und waren an den Seiten durch Eisenstäbe begrenzt, welche als Sieb dienten. Zu den einzelnen Ablaufschritten von den Haushalten bis zum Fließband vgl. ausfürlich Röhrecke: Müllabfuhr, S. 23 f.

157 Mayer beschreibt das Budapester Verfahren 1915 folgendermaßen: „Es besteht darin, daß das Müll, nachdem es durch Sieben von Asche und Staub befreit war, auf ein endloses, über Rollen laufendes Band gebracht und hier an einer Kette von Arbeitern und Arbeiterinnen vorbeigeführt wurde. Diese hatten die Aufgabe, alle irgendwie verwertbaren Gegenstände, und zwar hatte jedes seine Spezialität [...], aus dem Müll herauszunehmen und zu sammeln." Mayer: Müllbeseitigung, S. 41.

158 Die Werte bei Röhrecke bzgl. der Tagesleistung der Budapester Anlage an einem Tag im Mai (vermutlich 1897) sind nicht verwendbar, da sie absolut nicht nachvollziehbar sind. Es fehlt beispielsweise eine genaue Angabe über die nicht zu verwertenden Reste, und es wird nicht ausreichend erläutert, welche Stoffe zu welcher Klassifizierung gehören.

159 Fodor gibt die benötigte Menge der Brennstoffe für die Befeuerung der Dampfkessel mit 1000 Waggons pro Jahr an, dies ist genau die Hälfte aller aussortierten Brennstoffe; Fodor: Elektrizität, S. 40.

Die größte technische Innovation in dieser Anlage war zweifellos die Einführung eines „über Rollen laufenden Bandes".[160] Nahezu in jeder zeitgenössischen Beschreibung der Budapester Anlage wird ersichtlich, welche Bedeutung dieses Fließband für die damalige Zeit hatte. Gewissermaßen greift die Abfallentsorgungsindustrie des ausgehenden 19. Jahrhunderts der Zukunft voraus und nimmt eine Art Vorreiterrolle ein. Wurde das Fließband doch zum Beginn des 20. Jahrhunderts zum Symbol von Massenproduktion und Arbeitsorganisation, bei dem jeder Arbeiter ein kleines Glied in der großen Produktionskette war. Ein Prozess, welcher unter dem Schlagwort „Fordismus" zum signifikanten Marker einer „zweiten" Industrialisierung wurde. Natürlich wurde in Budapest nichts produziert, trotzdem gab die Maschine den Takt und die Arbeitsgeschwindigkeit vor.[161]

Die Anlage wurde nicht von der Stadt selbst betrieben, sondern von einem Unternehmer namens Cséry. Dieser war ab 1896 vertraglich verpflichtet,[162] den Hausmüll aus der Stadt abzufahren, wofür er von der Stadt bezahlt wurde. Die Höhe lässt sich nicht mehr rekonstruieren, da Cséry außer einer unbekannten „Pauschalsumme noch ca. 33 Pfennig Zuschlag pro Tonne"[163] bekam. Die Stadt wiederum finanzierte dies durch eine Zusatzsteuer für alle Hausbesitzer in Abhängigkeit von der Höhe der Haussteuer. Dennoch lässt sich vermuten, dass die Stadt hierbei Verluste erwirtschaftete, da sie nichts an den aussortierten Stoffen verdiente. Der Verkauf dieser Stoffe oblag dem Unternehmer Cséry. Für diesen war der Verkauf gewissermaßen ein Zubrot.[164] Generell lässt sich feststellen, dass der Unternehmer am meisten von der Sortierung profitierte. Brennstoffe zum Betrieb der Anlage brauchte er nicht zu kaufen, sondern ebenfalls nur auszusortieren. Hinzu kamen die geringen Kosten für die Arbeiter, da es hauptsächlich Kinder waren. Kinder verdienten in der Anlage weniger als ein Drittel dessen, was ein erwachsener Arbeiter verdiente.[165] Welchen enormen Gewinn der Betreiber der Budapester Anlage erzielte, wird auch dadurch ersichtlich, dass die im Juli 1900 gegründete „Müllbeseitigungs-Aktien-Gesellschaft Cséry" über ein Vermögen von 2,5 Millionen Kronen verfügte.

---

160 Mayer: Müllbeseitigung, S. 41.

161 Windmüller: Kehrseite, S. 170-179.

162 Die Vertragsdauer belief sich auf 20 Jahre, also bis 1916; Röhrecke: Müllabfuhr, S. 26; dies deckt sich jedoch nicht mit den Angaben Fodors: „Die Sortieranlage befindet sich in den Händen eines Privatunternehmers. Sein Vertrag mit der Stadtgemeinde läuft am Ende des Jahres 1912 ab." Fodor: Elektrizität, S. 43; wahrscheinlicher ist ein Auslaufen 1912, da Röhreckes Ausführungen von 1901 und Fodors von 1911 stammen, und Fodor zudem selbst aus Budapest stammte und die örtlichen Gegebenheiten kannte. Röhrecke kann sich auch nicht auf den Vertrag beziehen, da dieser, wie er selber schrieb, 1901 der Öffentlichkeit nicht zugänglich war. Eine Verkürzung des Vertrags scheint hingegen zweifelhaft.

163 Röhrecke: Müllabfuhr, S. 26.

164 1896 in Höhe von 80000 Gulden; ebd., S. 24.

165 Angaben des Tagelohns für Budapester Fabrikbetriebe nach ebd., S. 26: Erwachsener Arbeiter 2,5 Mark, Frauen zwischen 1,5 und 2 Mark, Kinder zwischen 60 und 80 Pfennige.

Obgleich Röhrecke 1901 noch äußerte, bei „Erkundigungen in Budapest sind mir Mängel oder Beschwerden über die dortigen Einrichtungen nicht geäussert worden",[166] waren die hygienischen Verhältnisse zumindest 1911 besorgniserregend: „Die am Sortierbande beschäftigten Personen nehmen es mit der Reinlichkeit nicht ernst: mit der einen Hand halten sie das Brot, während sie kauend mit der anderen Hand die Sortierung auf dem ruhelos dahingleitenden Bande vornehmen."[167] Ein weiterer Aspekt lag in der Tatsache, dass Arbeiter, meist Frauen und Kinder, den bereits durchsuchten Müll nochmals gegen sehr geringe Entlohnung nach verwertbaren Gegenständen durchsuchten. Dabei wurden auch Essensreste herausgesucht, da die Arbeiter diese als Schweinefutter kostenlos mit nach Hause nehmen durften.[168] Über die Situation der Arbeiter heißt es: „Und so bringt es die herabwürdigende Beschäftigung dieser Leute zu Stande, dass sie abgestumpft werden gegen Alles, was den Menschen über das Thier erhebt. Fürwahr, ein bedauernswertes Schicksal."[169]

Doch nicht nur im direkten Kontakt zwischen Mensch und Müll lagen hygienische Probleme, sondern auch im Verhältnis zwischen Natur und Müll. Probleme entstanden durch brennende Müllberge. Diese entzündeten sich in Budapest häufig. Auslöser waren die Fäulnisgase organischer Stoffe im Müll, die in Verbindung mit leicht brennbaren Stoffen wie Papier einen ganzen Müllberg in Flammen stecken konnten.Ohne Zweifel war die Anlage noch durchaus mit den Forderungen der Hygienebewegung in Einklang zu bringen. So war beispielsweise ein Speiseraum für die Arbeiter geplant, doch als sich abzeichnete, dass der Vertrag mit dem Unternehmer seitens der Stadt nicht verlängert werden würde, verlor dieser jegliches Interesse, noch etwas zu investieren, so dass die Anlage zunehmend verfiel und den hygienischen Ansprüchen nicht mehr gerecht wurde.

---

166 Ebd.
167 Fodor: Elektrizität, S. 43.
168 Ebd., S. 42.
169 Ebd.: S. 43 f.; es muss bei solchen Äußerungen auch immer der Standpunkt des Verfassers berücksichtigt werden. Fodor war ein Befürworter der Müllverbrennung und hielt Sortieranlagen aus hygienischer Sicht für nicht mehr zeitgemäß. Anders Röhrecke, der als Verfechter der landwirtschaftlichen Nutzung des Hausmülls Sortieranlagen befürwortete, da diese der Landwirtschaft zum Düngen verwendbare Stoffe zur Verfügung stellten. Es spielt folglich nicht nur die zeitliche Differenz von zehn Jahren eine Rolle, sondern auch der jeweilige Standpunkt.

Die deutsche Version des Budapester Verfahrens:
Sortierung in Puchheim bei München

Die 1898[170] von der „Hausmüllverwertung München G.m.b.H." in Betrieb genommene Sortieranlage in Puchheim bei München funktionierte nach dem gleichen System wie die in Budapest, war jedoch technisch ausgereifter: „Eine Anstalt, in der das Sortierverfahren in höchst moderner Vollendung durchgeführt ist".[171] Allerdings wird der Enthusiasmus durch die angehängte Fußnote deutlich gebremst, welche lautet: „Dieser Anstalt dürfte allerdings bald ihre letzte Stunde geschlagen haben."[172]

Abbildung 7: Die Sortieranlage in Puchheim bei München,
aus: Fodor, Etienne de: Elektrizität aus Kehricht, S. 6.

170 Der Vertrag zwischen der Stadt München und dem Unternehmer begann am 1. Juli 1898, obwohl die Anlage erst im Oktober fertig gestellt wurde. Bis Oktober wurde der Müll auf dem Gelände der Anlage gestapelt; Münch: Stadthygiene, S. 235 f.
171 Mayer: Müllbeseitigung, S. 42.
172 Ebd.

Die Anlage arbeitete also nach demselben Prinzip wie die Budapester. Der Münchener Müll wurde auf Eisenbahnwaggons umgeladen und nach Puchheim transportiert. Doch im Detail gab es viele Unterschiede zur Budapester Anlage. Zwar schloss die Stadt auch einen langfristigen Vertrag[173] mit dem Betreiber ab, jedoch oblag dem Unternehmer nicht die Abfuhr und Sammlung des Hausmülls. Diese vergab die Stadt per Ausschreibung an Privatunternehmer.[174] Interessant ist in diesem Zusammenhang, dass die Stadt den Fuhrunternehmern die Abfuhrwagen kostenlos zur Verfügung stellte, so dass diese lediglich Mannschaft und Pferde stellen mussten.[175] Ziel dieses städtischen Vorgehens war es, den Anreiz für die Abfuhrunternehmer zu erhöhen. Eine Vereinheitlichung war zudem auch notwendig, da die Abfuhrwagen nicht wie in Budapest umgeladen wurden, sondern der ganze Wagen auf den Eisenbahnwaggon verladen und nach Puchheim transportiert wurde.[176]

173   Die Vertragsdauer betrug 20 Jahre: Münch: Stadthygiene, S. 235 f.
174   Entgegen dem „allgemeinen Kommunalisierungstrend" erhoffte sich die Stadt München durch Wettbewerb einen wirtschaftlichen Vorteil. Die Stadt wurde in vier Bezirke aufgeteilt, welche separat ausgeschrieben wurden; Münch: Stadthygiene, S. 234 f., S. 243.
175   Ebd., S. 234 f.
176   Eine Vereinheitlichung der Sammelgefäße erfolgte in derselben Zeit. So wurde am 22. Januar 1898 eine „Ortspolizeiliche Vorschrift über Leerung und Wegschaffung des Hausunraths in München" erlassen, welche eine genormte Metalltonne mit einem Fassungsvermögen von 110 Litern vorschrieb. Dies diente ebenfalls einer Optimierung der Abfuhr, da die genormten Tonnen leicht in die Abfuhrwagen entleert werden konnten. Zudem konnte das neue System als „staubfrei" bezeichnet werden und erfüllte damit die hygienischen Ansprüche. Allerdings wurde den Hausbesitzern eine Übergangszeit von fünf Jahren bis 1903 eingeräumt. Ebenfalls 1898 verboten und unter Strafe gestellt wurde das Durchwühlen der Tonnen durch die „Naturforscher", da eine Schädigung der Effizienz der Puchheimer Anlage befürchtet wurde; vgl. hierzu, obgleich Münch den Aspekt der „staubfreien" Abfuhr anzweifelt, ebd., S. 235, sowie zum genauen Wortlaut der ortspolizeilichen Vorschrift: Ohne Autor: Mitteilung über Lagerung und Wegschaffung des Hausunrats in München, in: Gesundheits-Ingenieur 23 (1900), S. 76 f.

Abbildung 8: Umladung der Abfuhrwagen in Puchheim,
aus: Fodor, Etienne de: Elektrizität aus Kehricht, S. 8.

Abbildung 9: Müllsortierung in Puchheim,
aus: Fodor, Etienne de: Elektrizität aus Kehricht, S. 45.

Die „Hausmüllverwertung Puchheim" erhielt ein Monopolrecht auf den gesamten Münchener Hausmüll und bekam von der Stadt eine jährliche Pauschalsumme von 160.000 Mark. Diese Summe sollte nach zehn Jahren dem tatsächlichen Müllaufkommen angepasst werden. Zudem sicherte sich die Stadt ab dem elften Jahr eine 5 %ige Beteiligung an den Gewinnen, die die Anlage durch die Verkaufserlöse der aussortierten Stoffe erzielte.[177]

Täglich fuhren circa zwei Züge aus München ins 18 km entfernte Puchheim. Die Transportkosten waren durch den Umstand, dass aus hygienischen Gründen auf eine Umladung verzichtet wurde und die gesamten Abfuhrwagen verladen wurden, um einiges höher als in Budapest. Der Aufbau und die Funktion der Anlage waren jedoch im Prinzip dieselben: der Müll wurde durch verschiedene Trommeln gesiebt, kam auf ein Fließband und wurde dort von Hand auf verwendbare Gegenstände durchsucht, welche dann desinfiziert und verkauft wurden. Sortiert wurden die gleichen Stoffe wie in Budapest. Die Aschen, Staub- und Kleinteile, welche durch ein Sieb mit 15mm Stärke fielen, fanden sofortige Verwendung zur Bodenverbesserung im Puchheimer Moor, einem 100 ha großen Areal. Dies darf aber nicht darüber hinweg täuschen, dass die Puchheimer von Anfang an große Probleme hatten, die Düngemittel an Landwirte zu verkaufen. Spiegelbild für den schleppenden Absatz war die Erweiterung der Anlage durch eine Verbrennungsanlage im Jahr 1910. Durch die aus der Verbrennung gewonnene Energie konnte zudem der Energiebedarf der Anlage gedeckt werden. Dass der Betrieb aber alles andere als wirtschaftlich war, zeigen auch die Umsätze. So erzielte die Anlage bis 1918 im Jahresdurchschnitt nur einen Reingewinn von 56.750 Mark. Unter Berücksichtigung der von der Stadt gezahlten Pauschalsumme von 160.000 Mark pro Jahr addiert um die Erlöse aus dem Verkauf der aussortierten Stoffe in unbekannter Höhe und die Tatsache, dass die Anlage häufig städtische Zuschüsse benötigte,[178] wird die missliche Lage jedoch deutlich. „Der Erlös aus diesen vielen herausgelesenen Materialien deckt kaum Dreiviertel der hiefür verausgabten Löhne. Wenn nun trotz dieses Defizites die Puchheimer Anlage bestehen kann [...], so hat sie dies in erster Linie dem Zuschusse zu danken, den sie von der Stadt München erhält."[179]

Ein wichtiger Unterschied zu Budapest waren aus betriebswirtschaftlicher Sicht auch die relativ hohen Arbeitslöhne, da in Puchheim keine Kinder arbeiteten. Zudem wurden, um den Kritikern gerecht zu werden, gewisse hygienische Standards eingeführt. Die Fabrikräume durften nur mit Arbeitskleidung betreten werden. Diese wurde einmal in der Woche gereinigt und desinfiziert, und alle Arbeiter mussten zweimal in der Woche ein Wannen-

---

177 Münch: Stadthygiene, S. 234.
178 „Ohne die städtischen Zuschüsse wäre die Sortieranstalt jedoch nicht rentabel zu betreiben gewesen." Münch: Stadthygiene, S. 237.
179 Fodor: Elektrizität, S. 47.

oder Brausebad nehmen.[180] Die sanitären Einrichtungen hierfür wurden in den Betriebs-
räumen zur Verfügung gestellt. Anders als in Budapest mussten in München gewisse hygienische Standards erfüllt werden, um den Sortierungsgegnern den Wind aus den Segeln zu
nehmen. All dies verursachte weitere Kosten und trug zur wirtschaftlich schlechten Lage
bei.[181]

Obgleich Johann Eugen Mayer 1915 das Ende der Anlage prophezeite[182] und sogar
schon 1907 geäußert wurde, dass

*„die für München errichtete Müllverwertungsanlage [...] nach Erbauung der Lokalbahn
Schwabing-Ismaning-München-Ostbahnhof von der Stadtgemeinde nicht mehr benutzt werde, da diese den Hausunrat dann vom Ostbahnhofe aus nach Ismaning verfrachten und von
dort auf dem schon bestehenden Torfgleis in das Zengemoos schaffen lassen will, das durch
den Hausunrat gefestigt, gedüngt und bepflanzt werden soll,“*[183]

existierte die Anlage noch jahrzehntelang. Die Stadt verlängerte den Vertrag ein Jahr vor
Ablauf der 20jährigen Vertragsfrist im Jahre 1917 bis zum 1. Juli 1923. Die Bedingungen
der Vertragsverlängerung waren jedoch für den Unternehmer kaum noch akzeptabel.[184]

Warum hielt die Stadt München so lange an einem – augenscheinlich für beide Seiten –
unwirtschaftlichen Verfahren fest? Entscheidend war zunächst, dass die Stadt vertraglich an

---

180 Münch: Stadthygiene, S. 236; Fodor: Elektrizität, S. 46.
181 Theodor Weyl bezeichnet den hygienischen Zustand der Anstalt nach einer Besichtigung 1901
durchweg positiv: „Ich habe bei meiner Besichtigung den Eindruck gewonnen, daß die Gesellschaft unter der geschickten Leitung der Herrn Direktor Krämer gewillt ist, die hygienischen
Einrichtungen, so weit dies irgend denkbar ist, auch weiterhin auszubauen und das in der
Fabrik betriebene gefährliche Gewerbe mit allen Sicherungen auszustatten, welche Wissenschaft und Technik uns kennenlehrten." Weyl, Theodor: Die Sortieranstalt Müllverwertung
München G.m.b.H. zu Puchheim, in: Ders.: Fortschritte der Strassenhygiene, Erstes Heft, Jena
1901, S. 51-58, hier S. 58.
182 Mayer: Müllbeseitigung, S. 42.
183 Ohne Autor: Mitteilung über die Müllverwertung der Städte Augsburg und München, in:
Gesundheits-Ingenieur 30 (1907), S. 688; durch eine Vertragsänderung mit den Puchheimer
Betreibern war die Stadt berechtigt, das Zengemoos zu beschütten, durchbrach also die Mono-
polstellung der Puchheimer Sortieranstalt, verlor dadurch aber ab 1909 das Recht an der
5 %igen Beteiligung am Verkauf der aussortierten Stoffe und das Recht, sich nach Ablauf des
Vertrages 1918 an der Sortieranlage zu beteiligen; Münch: Stadthygiene, S. 237.
184 Die Abgaben pro Waggon Müll reduzierte die Stadt von 15,5 auf 13,5 Mark. Sie durfte nun
bis zu 60 % des anfallenden Mülls anderweitig verwenden. Das Monopol der Sortieranlage war
folglich gefallen, und zudem konnte der Vertrag binnen einer zehnmonatigen Frist jederzeit
aufgelöst werden; Münch: Stadthygiene S. 240.

die Sortieranstalt gebunden war und nur bei Überschreitung von jährlich 15.000 Waggons ab einer Vertragsänderung im Jahr 1900 den Überschuss selbst verwenden durfte. Was dann im Zengemoos zur praktischen Anwendung kam. Planungen zur Errichtung einer eigenen Sortieranstalt scheiterten vermutlich an dieser Klausel, da die Überschussmengen den Betrieb einer eigenen Anlage nicht gerechtfertigt hätten. Aus dem gleichen Grund scheiterte 1911 auch der Bau einer Müllverbrennungsanlage, die u. a. das neu errichtete Deutsche Museum mit Energie versorgen sollte. Eine solche Anlage hätte für einen rentablen Betrieb 50.000 Tonnen Müll pro Jahr benötigt, was aufgrund der vertraglichen Bindung mit Puchheim unmöglich war.[185] Zudem stieß der Bau einer Müllverbrennungsanlage in der Bevölkerung auf Widerstand. Die Bürger erhoben Einwände „hygienischer, ästhetischer und volkswirtschaftlicher Art"[186], so dass alle weiteren Planungen bis zum Ersten Weltkrieg eingefroren wurden. Auch in der Zwischenkriegszeit hielt die Stadt an der Sortierung in Puchheim fest. Am Ende existierte die Anlage bis in die 1950er Jahre, und noch zu dieser Zeit hielt die Stadt München größtenteils am Konzept der Sortierung fest.[187] Damit ergibt sich insgesamt, dass die Lösung der Müllfrage durch Sortierung in industriellen Großanlagen gescheitert war. Es gab in Deutschland bis 1914 keine mit Puchheim vergleichbare Anlage.

Das Charlottenburger Dreiteilungsmodell

„Der dem Dreiteilungsverfahren zugrunde liegende Gedanke ist außerdem der Mehrzahl der Dienstboten geläufig, da sie vom Lande stammt, wo etwas Ähnliches wie die Dreiteilung schon lange bekannt und durchgeführt ist. Auf dem Lande und in denjenigen kleineren Städten, in denen Viehhaltung möglich ist, wird es keiner Hausfrau einfallen, Speisereste mit Asche und Kehricht zusammenzuwerfen. Wenn sie dieselben nicht selbst verwerten kann, bekommt sie ein Nachbar oder sonst jemand, der sie brauchen kann, und Lumpen, Knochen und altes Eisen werden für den Lumpensammler aufgehoben."[188]

---

185   Für Puchheim wären nur noch 20000 Tonnen übrig geblieben, und der Betrieb hätte nicht aufrechterhalten werden können; Münch: Stadthygiene, S. 238.

186   Ebd., S. 238 f.

187   Ebd., S. 259-283, S. 322-338.

188   Thiesing, Hans: Müllverwertung, insbesondere nach dem Dreiteilungsverfahren. Vortrag, gehalten am 8. November 1905 in der Versammlung der Fachgruppe für Gesundheitstechnik des Österreichischen Ingenieur- und Architektenvereins zu Wien, in: Gesundheits-Ingenieur 29 (1906), Nr. 1, S. 7-10 und Nr. 2, S. 23-26, hier S. 25.

Dieses Zitat zeigt auf sehr anschauliche Weise das Prinzip des Dreiteilungsverfahrens, das den gesamten Hausmüll in drei Gruppen getrennt voneinander bereits in den Haushalten sammeln ließ, und damit ein seit Jahrhunderten bekanntes und in vorindustriellen Gesellschaften bereits praktiziertes System aufgriff. Die drei Gruppen waren:[189]

- Abfälle animalischer oder vegetabilischer Natur (Speisereste)
- Aschen und Kehricht
- Gewerblich verwertbare Abfälle (Lumpen, Papier, Glas, Metalle etc.)

Ein solches System wurde 1907 in Charlottenburg eingeführt, hatte aber bereits Vorläufer. Ausgehend von amerikanischen Großstädten fand es zunächst in Skandinavien und später in vielen europäischen Staaten Anwendung. In Amerika wurde es seit Mitte der 1890er Jahre praktiziert und hatte sich in der Folgezeit in New York, Chicago, Philadelphia und Baltimore bewährt.[190] Die grundlegende amerikanische Idee hierbei war es, die Speisereste zu Mastzwecken in der Schweinezucht zu verwenden. Und so sammelten Unternehmer gezielt die Speisereste (garbage) ein, um damit Viehzucht zu betreiben. Voraussetzung für die Abholung war allerdings, dass der Müll bereits in den Haushalten getrennt wurde, damit die organischen Abfälle nicht durch den Kontakt mit Aschen und Kehricht an Wert verloren. Die Idee entwickelte sich weiter, so dass auch noch andere verwertbare Gegenstande im Hausmüll (rubbish) wie Lumpen, Eisen und anderes separiert wurden. Aschen und Feuerungsrückstände (ashes) wurden in Amerika in sogenannten „ash-bins" gesammelt und zum Teil noch zu Düngezwecken verwendet.[191]

---

189 Einteilung nach Thiesing: Müllverwertung; ähnliche Einteilungen finden sich nahezu in allen zeitgenössischen Berichten. Die dritte Gruppe wurde auch häufig als Grobmüll oder Sperrstoffe bezeichnet.
190 Jasner, Carsten: Frühe Alternative: Das Charlottenburger Dreiteilungsmodell, in: Köstering, Susanne: Müll von gestern?, Münster 2003, S. 115-120, hier S. 115.
191 Fodor: Elektrizität, S. 10 f.

Abbildung 10: Sammelgefäße des Charlottenburger Dreiteilungssystems,
aus: Fodor, Etienne de: Elektrizität aus Kehricht, S. 12.

In Amerika wurden die Speisereste – anders als später in Deutschland – noch behandelt,
bevor sie an die Schweine verfüttert wurden. Die organischen und vegetabilischen Abfälle
wurden nach dem Arnold-Prozess behandelt. Dabei wurden die Speisereste in Digestoren
in drehbaren Fässern „mit Wasserdampf von vier bis fünf Atmosphären Druck etwa
7 Stunden lang behandelt."[192] Danach wurden sie ausgepresst und so in eine feste und eine
flüssige Masse getrennt. Die feste Masse wurde zu Dung- und Verfütterungszwecken
genutzt. Die Flüssigkeit, die im Wesentlichen aus Fett bestand, wurde an die chemische
Industrie verkauft. Dort wurde es raffiniert und fand vor allem in der Seifen- und Schmier-
ölproduktion Verwendung.[193] Durch den Verkauf konnte somit eine weitere Einnahme-
quelle für die Abfallentsorgungsunternehmen erschlossen werden.[194]

192 Koschmieder: Müllbeseitigung, S. 43.
193 Fodor: Elektrizität, S. 11.
194 Ebd., das Verfahren ist hier bspw. für New York nachgewiesen.

Auslöser für die Einführung des Dreiteilungssystems in Charlottenburg waren gescheiterte Verbrennungsversuche mit dem dortigen Müll. 1907 wurde die Müllbeseitigung Charlottenburgs öffentlich ausgeschrieben und die Charlottenburger Abfuhrgesellschaft, die das Dreiteilungskonzept vertrat, setzte sich gegen den einzigen Mitbewerber, der den Müll auf Halden deponieren wollte, durch, angeblich weil der Vorschlag der Charlottenburger Abfuhrgesellschaft kostengünstiger war. Dies darf jedoch bezweifelt werden. Viel wahrscheinlicher für die Entscheidung war wohl der Umstand, dass der Oberbürgermeister Schustehrus[195] und viele der städtischen Abgeordneten sich schon im Vorfeld für die Dreiteilung ausgesprochen hatten.[196] Hintergrund war hier die nationalökonomische Idee, dass Werte nicht einfach weggeworfen werden dürfen, sondern dem „Nationalvermögen" wieder zugeführt werden sollten. Anders als in Amerika bestand der Charlottenburger Müll allerdings nur zu 14,5 % aus Küchenabfällen.[197] Die Grundvoraussetzung war also um einiges schlechter als in amerikanischen Städten.

Die Charlottenburger Abfuhrgesellschaft ließ den Hausmüll von den Hausbewohnern in drei verschiedenen Sammelbehältern sammeln, die auf den Höfen der Häuser positioniert waren und einmal wöchentlich geleert wurden.[198] Um zu verhindern, dass der Sortierung in den Haushalten nur mangelhaft nachgegangen wurde, verkaufte die Gesellschaft die sogenannte Küchenabfallspinne, ein dreigeteiltes Behältnis, in dem die Abfälle bereits im Haushalt sortiert werden konnten. Nach der Abfuhr wurden Aschen und Kehricht mit der Eisenbahn ins 30 km entfernte Röthehof gefahren und dort verkippt. Die anderen Abfälle kamen in die Sortieranlage nach Seegefeld.[199] Dort wurden die Sperrstoffe gereinigt, sortiert, verpackt und verkauft. Flaschen wurden gesäubert und wiederverwertet, aus Papier und Lumpen wurde Pappe produziert, Schuhe und Korken fanden bei der Linoleumproduktion Verwendung, Konserven wurden entzinnt und verhüttet, und auch für Emailleprodukte wurden Verwendungen gefunden. Alle übrigen Abfälle[200] wurden im Kesselhaus verbrannt. Die Wärme wurde genutzt, um die Küchenabfälle zu trocknen. Danach

195 Kurt Louis Wilhelm Schustehrus (1856-1913) war 1892 bis 1899 Bürgermeister von Nordhausen und wurde anschließend nach Charlottenburg berufen. Dort hatte er von 1899 bis zu seinem Tod das Bürgermeisteramt inne; http://www.berlin.de/ba-charlottenburg-wilmersdorf/bezirk/lexikon/buergermeisterportraits.html, letzter Zugriff am 28.05.2010.

196 Jasner: Alternative, S. 115.

197 Zu 21,5 % aus Sperrstoffen und zu 64 % aus Aschen und Kehricht; ebd., S. 116.

198 Fodor erwähnt eine dreimalige Leerung in der Woche, doch wahrscheinlich wurde lediglich jedes Gefäß an einem anderen Wochentag geleert. Somit ist eine wöchentliche Leerung jedes Behältnisses wahrscheinlicher; Fodor: Elektrizität, S. 15.

199 14 km westlich von Charlottenburg; Jasner: Alternativen, S. 116; Fodor hingegen erwähnt eine Entfernung von etwa 20 km; Fodor: Elektrizität, S. 16.

200 Dies waren noch 76 % aller Sperrstoffe.

wurden sie weichgekocht und gesiebt. Der entstandene Brei wurde mit Kraftfutter gemischt und an die 2000 Schweine in den angrenzenden Ställen verfüttert.[201]

Abbildung 11: Sammelgefäße des Dreiteilungssystems in einem Berliner Vorgarten, aus: Fodor, Etienne de: Elektrizität aus Kehricht, S. 14.

Für die Charlottenburger Sortierung spielte auch die Werbung bereits eine große Rolle. So gab es einen „Verein für gemeinnützige Abfallverwertung", der es sich zur Aufgabe gemacht hatte, durch Inserate und Aufklärung an Schulen ein Bewusstsein für das System zu schaffen. Ganz nach dem Motto: „Man muss also zunächst versuchen, den guten Willen der Bevölkerung, auf den man ja allerdings mehr als bei anderen Verfahren angewiesen ist, durch entsprechende Propaganda günstig zu beeinflussen."[202] Dies geschah zweifellos nicht ganz uneigennützig, war dieser Verein doch mit 30 % an den Erlösen der Charlottenburger Abfallgesellschaft beteiligt.[203]

201 Jasner: Alternativen, S. 116.
202 Thiesing: Müllverwertung, S. 26.
203 Ebd.

Anfangs wurde dieser neue Lösungsansatz nahezu von allen Seiten euphorisch gefeiert, doch die Realität war bald eine andere. Bereits im ersten Jahr stand das Charlottenburger Dreiteilungssystem mit 500.000 Mark im Minus, obwohl man mit einem Gewinn von 600.000 Mark gerechnet hatte. Somit musste die Stadt die 1,3 Mark je Bürger und Jahre, welche sie der Gesellschaft vertraglich zugesichert hatte, auf 1,8 Mark erhöhen und übernahm zudem noch Zinsgarantien für die Kredite der Gesellschaft, um einen Zusammenbruch des Systems zu verhindern. Der Anteil von 0,8 % des Gebäudeumsatzwertes, den die Hausbesitzer für die Entsorgung an die Stadt zahlen mussten, blieb konstant. „Die Charlottenburger leisteten sich somit das teuerste Müllabfuhrsystem in Deutschland."[204] Der Erste Weltkrieg trieb die Charlottenburger Abfuhrgesellschaft schließlich in den Ruin, da der große Arbeitermangel einen geregelten Betrieb nicht mehr zuließ. Am 13. April 1917 stellte die Gesellschaft den Betrieb ein. Auch wenn es immer weiter bergab ging, wurde vor allem in den vom Mangel beherrschten Kriegsjahren das Dreiteilungssystem als vorbildlich propagiert.[205]

Welche Faktoren führten nun zum Scheitern dieses neuen Ansatzes? Zunächst ist festzustellen, dass der Aschenanteil am Charlottenburger Müll sehr hoch war. Außerdem war das Müllaufkommen im Vergleich zu dem in Amerika zu gering. 1907 vernichtete die Schweinepest einen Großteil des Tierbestandes in den eigenen Mastanlagen. Eine Müllverladestelle, auf der der Müll vom Wagen auf die Bahn umgeschüttet werden sollte, wurde erst Mitte 1908 fertig gestellt, und durch die manuelle Umladung fielen hohe Kosten an. Ähnlich kostspielig war auch die dreigeteilte Abfuhr, ein einziger Wagen, der alle drei Stoffe einsammelte, wäre sicherlich wirtschaftlicher gewesen.[206] Zudem fielen noch Kosten für die regelmäßige Desinfektion der Sammelgefäße an. Beim Charlottenburger Dreiteilungssystem kam der Bevölkerung eine wichtige Aufgabe zu, da der Hausmüll bereits in den Haushalten getrennt werden musste. Wie abhängig die Betreibergesellschaft von einer exakten Trennung war, zeigen sowohl die Werbe- und Aufklärungsversuche als auch die Entwicklung der Küchenabfallspinne. Dass jedoch eine mangelhafte Sortierung, wie es zeitgenössisch häufig anklingt, maßgeblich zum Scheitern dieses neuen Ansatzes beigetragen hat, muss, obgleich schwer überprüfbar, bezweifelt werden. Als Beleg dafür, dass dieses Problem aber tatsächlich existierte, dient die Tatsache, dass ein falsches Sortieren unter Strafe gestellt wurde, auch wenn sich die Polizei stets weigerte, solche Vergehen zu verfolgen. Das Charlottenburger Dreiteilungssystem hatte insgesamt so viele Schwächen, dass auch eine weitgehend korrekte Trennung in den Haushalten sein Scheitern nicht verhindert hätte.

Zusammenfassend lässt sich konstatieren, dass alle Versuche, die Abfallstoffe als Rohstoffe oder auch in anderer Form wieder in den Produktionskreislauf zurückzuführen, aus wirtschaftlicher Perspektive gescheitert waren. Lediglich eine gute Infrastruktur und ver-

204 Jasner: Alternativen, S. 118.
205 Ebd., S. 118-120.
206 Ebd.

schiedene andere Gegebenheiten konnten dieses System begünstigen. So verhielt es sich beispielsweise in Amsterdam, doch in Deutschland konnte sich die Sortierung bis zum Ersten
Weltkrieg nicht durchsetzen.

Sortierung und landwirtschaftliche Verwertung aus
metabolistischer Perspektive

Die Verwendung des Hausmülls zu Düngezwecken ist zweifellos eine Rückführung von
zunächst unbrauchbaren Abfallstoffen des urbanen Stoffwechsels in das System. Aus Output wird Input. Vor allem organische Stoffe können in der „Kolonisierung von Natur" verwendet werden.[207] Sie finden folglich indirekt über den Nahrungsmittelinput wieder
zurück in den Organismus. Somit ist dieser Ansatz auf den ersten Blick dem basalen Metabolismus vorindustrieller Gesellschaften sehr ähnlich. Er stößt jedoch in den urbanen
Regionen der Industriegesellschaften des 19. Jahrhunderts an seine Grenzen. Der Output
war hier so hoch, dass er die landwirtschaftliche Nutzung überforderte. In der näheren
Umgebung der Städte gab es nicht genügend Flächen, die den Hausmüll als Dünger hätten
aufnehmen können. Doch nicht nur die Quantität, sondern auch die Qualität des Abfall-
outputs hatte sich verändert. Besonders der Wegfall der Fäkalien ließ ein erneutes Einspei-
sen in den Organismus unmöglich erscheinen. Die Verwendung von Konservendosen und
anderen Massenprodukten machten eine Vorsortierung notwendig, welche dann in der Folgezeit stets optimiert wurde. Die Sortierung und der Gedanke, nahezu alle brauchbaren
Stoffe einer Gesellschaft wieder in den Kreislauf zurückzuführen, ist unter dem Schlagwort
„Nachhaltigkeit" aus der Perspektive des Metabolismuskonzepts sicher zu befürworten.
Dennoch eignen sich nicht alle Abfallstoffe zur Wiederverwertung. Außerdem ist ein solcher Prozess nicht ohne weiteren Input möglich, der selbst wieder Output erzeugt. Und
genau dies ist ein Marker des erweiterten Metabolismuskonzepts. Eine Sortierung und
Rückführung aller Abfallstoffe ist unmöglich, da die Stoffe bisweilen so transformiert wurden, dass sie keine natürliche Verwendung mehr finden können. Zudem kann die Biosphäre die Reste fossiler Energien nur zu einem sehr geringen Prozentsatz aufnehmen, welcher in den industrialisierten Städten ab dem 19. Jahrhundert weit überschritten wurde.
Eine Teilrückführung unter möglichst geringer Schädigung des Bodens, des Wassers und
der Luft ist aber in dem Fall besser als eine bloße Deponierung, kann sie doch den Input
verringern. Für das Müllproblem des ausgehenden 19. Jahrhunderts musste eine solche
Lösung jedoch scheitern, da ein zu hoher finanzieller Aufwand nötig war. Damals spielte

---

207 Auf die negativen Folgen der Kolonisierung, wie die Begünstigung spezieller Arten und die
     Zurückdrängung von augenscheinlich weniger nützlichen Pflanzen und Tieren, sei hier kurz
     verwiesen, sie bleiben jedoch aus idealtypischer Sicht ausgeklammert.

Umweltbelastung keine Rolle. Entscheidend für die Diskussion waren der hygienische Aspekt und die entstehenden Kosten. Bei beiden Systemen, dem der landwirtschaftlichen Nutzung und dem der Rohstoffrückgewinnung durch Sortierung, gab es jedoch hygienische Bedenken, da der Mensch direkt in Kontakt mit dem Müll kam. Bezeichnenderweise geriet die Rückgewinnung von Abfallstoffen in Krisenzeiten, also in Zeiten von geringem Input, immer wieder in den Fokus der Diskussion.

Die Entwicklung neuer Systeme – Das Problem in Luft auflösen

Zeitgleich mit dem Aufkommen der ersten großindustriellen Sortieranstalten Ende der 1890er Jahre begannen sich in Deutschland ganz neue Lösungsansätze zu verbreiten, die unter dem Schlagwort „thermische Lösung" zusammengefasst werden können. An erster Stelle stand hier die Verbrennung des Hausmülls in Müllverbrennungsanstalten. Wie auch die Sortierung waren die technischen Entwicklungen auf diesem Gebiet ein Reflex auf die neue Müllsituation in den Großstädten und auf das Scheitern der klassischen Unterbringung des Mülls in der Landwirtschaft. Vor allem aber erfüllte die thermische Behandlung des Hausmülls die Forderungen der Hygienebewegung, da mit den Abfallstoffen nicht mehr oder zumindest weniger hantiert werden musste und so das gesundheitsgefährdende Potenzial auf ein Minimum reduziert werden konnte. So stand auch die Errichtung der ersten Müllverbrennungsanlage auf deutschem Gebiet in Hamburg 1895 in engem Zusammenhang mit der dortigen Choleraepidemie des Jahres 1892.[208] Natürlich entwickelte sich diese neue Technologie nicht in drei Jahren, sondern hatte ihre Anfänge im wesentlich früher industrialisierten England. Erneut fand also auch im Bereich der Müllentsorgung ein Technologietransfer von der Insel auf den Kontinent statt.

Die Anfänge der Müllverbrennung in England

Auch wenn die Müllverbrennung in England als Erfolgsgeschichte gelten kann, hatte sie zunächst, wie viele andere Innovationen auch, mit Schwierigkeiten zu kämpfen. Bereits im Jahr 1870 wurden im Londoner Stadtteil Paddington erste Verbrennungsversuche mit Hausmüll in geschlossenen Öfen durchgeführt. Der Grund hierfür lag in der Tatsache, dass England durch die früher einsetzende Industrialisierung sich auch früher mit deren Folgen auseinander zu setzen hatte. Ein ausschlaggebendes Faktum war wohl der Mangel an geeig-

---

208 Damals galt der Müll noch als eine der Hauptursachen für die Verbreitung von Epidemien. So weigerten sich die umliegenden Gemeinden, den Hamburger Müll zu Düngezwecken aufzunehmen. Dass vor allem verunreinigtes Trinkwasser die Ausbreitung der Cholera begünstigte, war noch nicht bewiesen. Es war nämlich so, dass Hamburg das Trinkwasser oberhalb der Stadt ungefiltert aus der Elbe entnahm und die Fäkalien stromabwärts in die Elbe abführte. Bei niedrigem Pegel, geringer Fließgeschwindigkeit und Flut drückte die Nordsee das mit Fäkalien belastete Elbwasser jedoch stromaufwärts, so dass aus diesem Wasser Trinkwasser entnommen wurde. Dies gilt als Hauptursache für die Verbreitung der Cholera 1892. In Altona wurde das Trinkwasser aus der Elbe gefiltert, und dort gab es wesentlich weniger Erkrankungen, was als Beweis dieser Theorie gelten kann; Evans: Hamburg, S. 194-231.

neten Abladeplätzen.[209] Dennoch erfüllten der in Paddington errichtete Ofen und ähnliche andere Konstruktionen zunächst ihren Zweck nicht. Trotz Beimischung von Kohlen konnte kein zufriedenstellendes Ergebnis erzielt werden, so dass die Anlagen meist nach kurzer Zeit ihren Betrieb wieder einstellen mussten.[210] Im Jahre 1876 erbaute Alfred Fryer einen funktionierenden Ofen, und die folgenden nach dem „System Fryer" erbauten Öfen blieben bis Ende der 1880er Jahre in England vorherrschend.[211] Die Konstruktion des von Fryer 1877 patentierten Ofensystems war eigentlich recht simpel. Der Müll wurde unbehandelt, so wie er aus den Haushalten kam, über einen schrägen Chamottekanal dem Ofen zugeführt und landete auf einem Rost. Dort wurde er entzündet. Meist waren die Öfen paarweise angeordnet, und dazwischen lag der Fuchs, über den die Verbrennungsgase entwichen. Nach der Verbrennung wurden die zurückgebliebenen Schlacken über eine Seitentür entfernt. Diese Reinigung erfolgte mehrmals täglich.[212] In England müssen für das 19. Jahrhundert grundsätzlich zwei verschiedene Beschickungsarten unterschieden werden: Erstens Müllverbrennungsanlagen in Städten ohne Kanalisation und zweitens Städte mit Kanalisation. In den Städten mit Kanalisation wurde der Müll unbehandelt und in der Regel ohne Brennstoffzusatz verbrannt. In unkanalisierten Städten hingegen wurde der Müll gesiebt und sortiert, da die Anlagen auch der Dungfabrikation dienten. Dort wurde die ausgesiebte Asche mit den Fäkalien vermischt. Die nicht brennbaren Bestandteile des übrig gebliebenen groben Mülls wurden aussortiert und der Rest, teils unter Zusatz von Brennstoffen, zur Befeuerung von Dampfkesseln, welche die Maschinen der angeschlossenen Dungfabrikation versorgten, verbrannt.[213] In der Konstruktion unterschieden sich die Öfen zur Verbrennung gesiebten oder ungesiebten Mülls lediglich durch den unterschiedlichen Abstand der Rostsiebe.

Der Umstand, dass die Verbrennung des Mülls in England in der Regel ohne Zusatz von Brennstoffen erfolgte, ist darauf zurückzuführen, dass im englischen Hausmüll ein großer Teil an un- oder halbverbrannten Steinkohlen- oder auch Koksresten vorhanden war, die den Verbrennungsprozess begünstigten. In der Regel brannte der auf einem Vorherd getrocknete Müll, je nach Zusammensetzung und Feuchtigkeitsgehalt zwei Stunden. Dazu wurde er in einer Schicht von 10-20 cm auf dem Rost ausgebreitet.[214] Obgleich der Müll gut verbrannte, hatte der Fryer-Ofen noch zahlreiche Mängel. Hauptprobleme waren die

---

209 Auch in England wuchsen die Städte enorm, so dass Bauland und Abladeplätze in starker Konkurrenz standen. Zudem spielte auch die gescheiterte Abführung ins Meer eine wichtige Rolle; Thiesing: Abfallstoffe, S. 787.

210 Bohm, Julius; Grohn, Hermann: Über die Müllverbrennung in England und die in Berlin anzustellenden Versuche. Reisebericht, Berlin 1894, S. 1, sowie Fodor: Elektrizität, S. 52.

211 Maxwell, William Henry: The removal and disposal of town refuse, London 1898.

212 Lindemann: Müllverbrennung, S. 19.

213 Bohm; Grohn: Müllverbrennung, S. 5-8. Nachgewiesene Kombination von Verbrennung und Dungfabrikation belegbar für Birmingham, Manchester und Glasgow.

214 Ebd. S. 14 f.

entweichenden, unverbrannten und dadurch übelriechenden Gase sowie die häufig auftre-
tende starke Rauch- und Staubentwicklung. So „konnten die alten Verbrennungsanstalten
sich nicht das Vertrauen ihrer Nachbarschaft erwerben. Es wurden fortwährend Klagen
über Belästigung durch Geruch, Rauch und Staub laut."[215] Fodor[216] bezeichnet das Fort-
schreiten der Entwicklung von Müllverbrennungsanlagen in England in Bezug auf die
Widerstände aus der Bevölkerung gar als ein „Wunder".[217]

Doch welche Konstruktionsmängel waren für diese Missstände verantwortlich und wie
wurden die Probleme behoben? Das Problem war, dass die Gase auf ihrem Weg zum
Hauptabzug über den Vorderherd geführt wurden, um den dort liegenden Müll bereits zu
trocknen bzw. in Brand zu setzen. Dabei kühlten sie soweit ab, dass die bei der Trocknung
des Frischmülls entstehenden Gase nicht oder nur zum Teil verbrannt werden konnten und
über den Hauptabzug entwichen. Diese Gase waren für die Geruchsbelästigung verantwortlich. Die Rauchentwicklung hingegen basierte darauf, dass die Rauchgase im hinteren Teil
der Zelle mit dem kälteren Mauerwerk in Berührung kamen, und der Staub entwich durch
die zur Verbrennung nötige Sogkraft der Schornsteins, wodurch die Aschen angezogen wurden.[218] Außerdem lässt sich generell festhalten, dass die Verbrennungstemperatur noch sehr
niedrig war. Alle diese Missstände galt es zu beheben. Um die Geruchsbelästigung zu verhindern, wurden nahezu alle Fryer-Öfen mit einem Rauchverzehrer nachgerüstet, der von
dem englischen Ingenieur Th. Jones entwickelt worden war.[219] Dieser wurde in den Haupt-
fuchs eingebaut und verbrannte die Gase bei einer Temperatur zwischen 500 und 800°C,
benötigte jedoch eigenes Brennmaterial. Nachfolgende Ofenkonstruktionen wurden direkt
so gebaut, dass eine vollständige Verbrennung der Gase garantiert war und der Jones-Ver-
zehrer nicht mehr gebraucht wurde.[220] Um die Staubentwicklung zu verringern, wurde beispielsweise der Querschnitt des Fuchses an einigen Stellen erhöht, so dass die Zuggeschwin-
digkeit verringert wurde und die Staubpartikel niedersanken. Diese Konstruktion erforderte
allerdings ein regelmäßiges Reinigen der Esse.[221]

---

215 Ebd., S. 15; die Verbrennungsanstalten befanden sich häufig in bewohntem Gebiet, da aus
     ökonomischen Gründen der Müll nicht weiter als 2,5 km von den Haushalten zur Anstalt
     transportiert werden sollte.

216 István Fodor, auch Etienne de Fodor (1856-1929) war ein ungarischer Elektroingenieur und
     Elektrizitätswerksdirektor; Krücken, Oskar von; Parlagi, Imre: Das geistige Ungarn. Biographi-
     sches Lexikon, Erster Band, Budapest 1918, S. 233.

217 Fodor: Müllverbrennung, S. 60.

218 Bohm; Grohn: Müllverbrennung, S. 15.

219 Obwohl es ein geschickter Feuerungsmann vermochte, den Müll so zu verbrennen, dass die
     Gase nahezu vollständig verbrannt wurden; Bohm; Grohn: Müllverbrennung, S. 18; dass dies
     wahrscheinlich nicht so war, zeigt die fast flächendeckende Nachrüstung mit Jones Rauchver-
     zehrern.

220 So wurden beim Horsfall-Ofen die Rauchgase vor ihrem Austritt noch mal über die Flamme
     des Ofens geführt; Bohm; Grohn: Müllverbrennung, S. 26.

221 Bohm; Grohn: Müllverbrennung, S. 18.

Obgleich der Eindruck entstehen könnte, dass die hygienischen Forderungen und das Wohl der Bevölkerung die Konstruktionsverbesserungen auslösten, war es doch meist so, dass Weiterentwicklungen der englischen Öfen vor allem der Effizienzsteigerung dienten.[222] „D. h. die Menge des pro Tag zu verbrennenden Mülls sollte gesteigert werden."[223] Ein wichtiger Aspekt, auch aus hygienischer Sicht, war die Beschickung der Öfen. Zunächst wurden die Öfen von vorne, in der Nachfolgezeit auch von hinten oder oben beschickt. Die ersten Konstruktionen orientierten sich folglich an der kleineren bekannten Verbrennung in den Haushalten. Die Beschickung von hinten[224] hatte jedoch den Vorteil, dass die „Heizer" der enormen Wärme nicht mehr direkt ausgesetzt waren und weniger Geschicklichkeit erforderlich war, die Öfen zu befeuern. Die Zuführung des Mülls von oben machte Arbeiter nahezu überflüssig, da der Müll direkt über den Öfen aus dem Sammelwagen gekippt wurde.

Es lässt sich also eine Entwicklung bei der Beschickung ersehen, welche mit einer geringen Anzahl an Arbeitern auskam. Die Gründe hierfür lagen zum einen an einer angestrebten Unabhängigkeit von Facharbeitern wie Heizern und zum anderen in den Forderungen der Hygieniker nach einem möglichst geringen Kontakt zwischen Müll und Mensch, wie dies die Horsfall-Öfen erlaubten.[225] Doch nicht jede technische Verbesserung brachte nur Vorteile mit sich. So führte die Erhöhung der Verbrennungstemperatur durch höhere Schornsteine und bessere Luftzufuhr durch den Einbau von Gebläsen zwar zu einer besseren Verbrennung, hatte aber zur Folge, dass die Mauern der Öfen häufig erneuert werden mussten. Die Verwendung von hitzebeständigen Charmottesteinen erwies sich in der Folgezeit als praktikabelste Lösung.[226]

Fryer, Warner und Horsfall waren die drei großen Systeme, die sich in England bis zur Jahrhundertwende flächendeckend etabliert hatten und sich von dort in Richtung Kontinentaleuropas ausbreiteten. Alle Systeme unterschieden sich nur in Nuancen, da sie alle auf der simplen Funktionsweise des Fryer-Ofens basierten. So zeichnete sich der Warner-Ofen dadurch aus, dass durch verbesserte Schlackentüren und Beschickungsöffnungen der Ofen nicht mehr so schnell abkühlte und eine bessere Verbrennung erzielt werden konn-

222 Die Effizienz wurde vermutlich auch ungewollt erhöht, da eine Erhöhung der Temperatur, welche nötig war um eine verbesserte Verbrennung zu ermöglichen, und dadurch die Geruchs- und Staubbelästigung zu minimieren, automatisch auch eine schnellere und bessere Verbrennung bewirkt haben dürfte.
223 Lindemann: Müllverbrennung, S. 19.
224 Bohm; Grohn: Müllverbrennung, S. 26.
225 Fodor: Elektrizität, S. 53-80.
226 Die Verbindung zwischen Charmottefabrikation und Ofenbau erklärt, weshalb die Stettiner Charmottestein Fabrik später in Deutschland zum Ofenbau überging und folgendes Buch herausgab: Koepper, Gustav: Die Entwicklung der Müllverbrennung und der Dörr'sche Öfen zur Verbrennung von Hausmüll und Straßenkehricht, Dresden 1906.

te.[227] Die Hauptinnovationen des Horsfall-Ofens lagen in der Abführung der Rauchgase über den Ofen, so dass ein Rauchverzehrer nicht mehr nötig war, in der Einführung beweglicher Roststäbe, wodurch ein Verstopfen verhindert werden konnte, und in der Einführung eines künstlichen Gebläses, des sogenannten Dampfstrahlgebläses, das eine höhere Verbrennungshitze bewirkte und die Schornsteine niedriger gebaut werden konnten.[228]

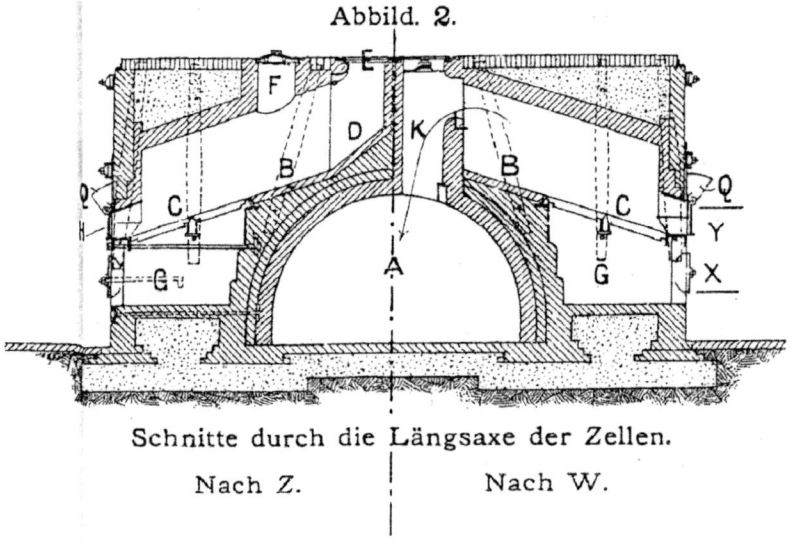

Abbildung 12: Fryer Ofen, aus: Bohm/Grohn, Blatt 1.

227 Bohm; Grohn: Müllverbrennung, S. 23-26.
228 Bohm; Grohn: Müllverbrennung, S. 26-29.

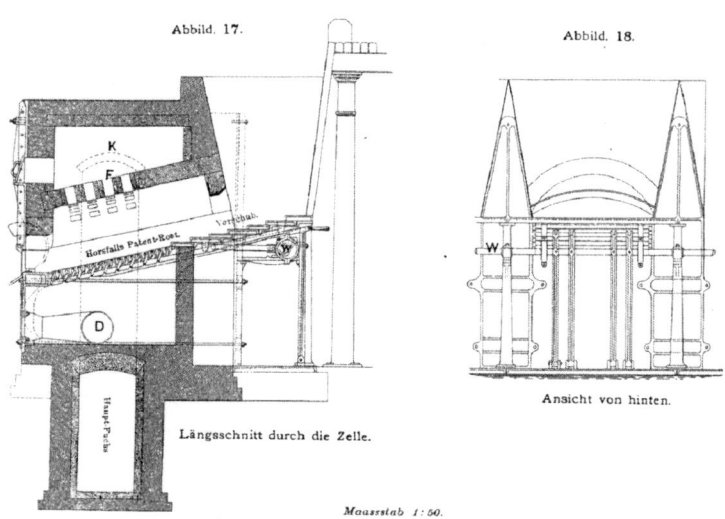

Abbildung 13: Horsfall Ofen, aus: Bohm/Grohn, Blatt 5.

Die englische Entwicklung der Müllverbrennungstechnik war von wechselseitiger Beein-flussung geprägt. Entwicklungen einzelner Ofenbaufirmen fanden schnell auch in anderen Systemen Anwendung. Durch die Errichtung zahlreicher Versuchsöfen wurde die Technik kontinuierlich weiter verbessert. Signifikantester Marker dafür, dass die Hausmüllverbren-nung in England eine Erfolgsgeschichte war, ist die Anzahl der errichteten Anlagen. So stieg die Zahl der Zellen verschiedenster Systeme zwischen 1876 und 1893 bereits von 14 auf über 500[229] und hatte sich zwischen 1889 und 1893, also innerhalb von nur vier Jahren, verdoppelt (Grafik 2).

229 Die Anzahl der Städte, welche über eine Müllverbrennungsanlage verfügten, stieg in England zwischen 1876 und 1893 von einer auf 55, siehe auch Grafik 2; Bohm; Grohn: Müllverbren-nung, S. 2. Im Jahre 1915 waren es dann sogar schon 192; vgl. Liste englischer Städte mit Müllverbrennungsanlagen, Fodor: Elektrizität, S. 78 f.

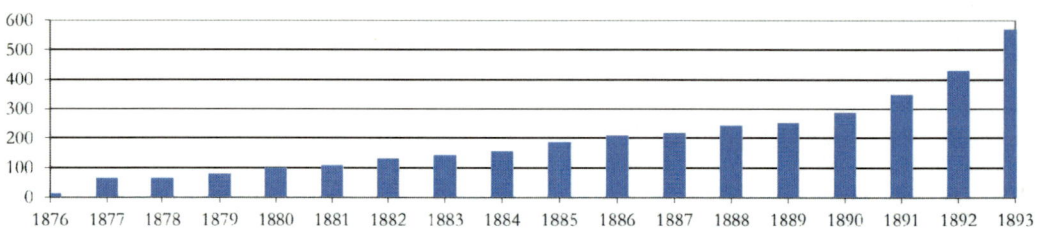

Grafik 2: Anzahl der englischen Städte mit einer städtischen Verbrennungsanstalt von 1876
– 1893, nach: Bohm/Grohn: Müllverbrennung, S. 2.

Bis 1904 waren in England 220 Öfen in Betrieb.[230] Davon ausgehend, dass ein Ofen aus mindestens sechs Zellen bestand, belief sich die Anzahl der Zellen bereits auf mindestens 1320.[231] Dabei stand die erfolgreiche Durchsetzung der thermischen Lösung nicht nur mit der technischen Weiterentwicklung, sondern auch mit der Zusammensetzung des englischen Hausmülls in Zusammenhang. Die Ausgangsfrage war anfangs sicher der folgenden sehr ähnlich: „Brennt Müll überhaupt?" Dies war im Hinblick auf seine Zusammensetzung fraglich, bestand der englische Hausmüll[232] doch zu über 75 % aus Verbrennungsrückständen der Hausöfen, die zu einem Großteil aus Aschen bestanden. Zudem waren ca. 10 % Küchenabfälle, die aufgrund ihres hohen Wasseranteiles der Verbrennung abträglich waren. Ähnlich schwer brennbar waren häufig auch die Sperrstoffe.[233] Doch der Hausmüll brannte durch vergleichsweise geringe Anteile an unverbrannten Kohlen, Papier, Stroh, Lumpen sowie anderer brennbarer Inhalte. Vor allem in Verbindung mit einer guten Luftzufuhr des Ofens reichte diese prozentual geringe Menge an brennbaren Bestandteilen im Hausmüll, um eine selbstständige Verbrennung des Gesamtmülls zu erreichen.[234]

---

230 Lindemann: Müllverbrennung, S. 19.

231 Es gab Öfen die durchaus aus 20 Zellen bestanden. Also dürfte die Zahl der Zellen noch um einiges höher liegen, als in der vorliegenden Berechnung angenommen.

232 Die Ausführungen beziehen sich auf die Müllzusammensetzung Londons, da dort die erste Versuchsanlage 1870 errichtet wurde. Diese Angaben sind nicht repräsentativ für ganz England, vor allem da im Norden, in den Bergbauregionen, sehr viel mehr brennbare Materialien im Hausmüll vorhanden waren.

233 Ähnliche Ergebnisse der Zusammensetzung des Hausmülls lassen sich auch für Paddington nachweisen; Weyl, Theodor: Studien zur Strassenhygiene mit besonderer Berücksichtigung der Müllverbrennung. Reisebericht dem Magistrat der Stadt Berlin erstattet, mit dessen Genehmigung erweitert und veröffentlicht, Jena 1893, S. 57.

234 Fodor: Elektrizität, S. 53.

Um endgültig eine Aussage über den Erfolg der englischen Anstalten treffen zu können, muss ihre Wirtschaftlichkeit betrachtet werden. Da diese von Stadt zu Stadt und Ofen zu Ofen unterschiedlich war, werden die Kosten und Gewinne einer Anlage im Folgenden auf einer allgemeinen Ebene ohne die Auflistung vieler Zahlenreihen angeführt, da sie aufgrund der unterschiedlichen Grundvoraussetzungen stark schwanken. Zunächst entstanden Kosten für die Errichtung der Anlage. In Abhängigkeit von der Größe, der Schornsteinhöhe sowie der Dampfkessel gab es hier bereits große Unterschiede. So gab Weyl 1893 nach einer Besichtigungsreise englischer Anlagen eine Kostenspanne pro Zelle zwischen 5900 und 31.800 Mark an.[235] Hinzu kamen die Betriebskosten, die in einigen Städten zehnmal höher waren als an anderen Standorten. Hierbei spielte der Automatisierungsgrad der Anlagen eine Rolle. Getreu dem Prinzip: Je weniger Arbeiter, desto weniger Kosten. Hinzu kamen Kosten für Reparaturen. Doch die Anlagen erzielten auch Gewinne. Hierbei bildete in der Anfangszeit die Verwendung der bei der Verbrennung zurückbleibenden Schlacken eine Schlüsselgröße. Aus ihr wurden in direkt an die Anlage angeschlossenen Fabriken und unter Beimischung von Kalk Schlackensteine oder Mörtel produziert, welche überwiegend im Straßenbau Anwendung fanden und meist gut verkauft wurden. Die Qualität dieser Steine hing in erster Linie von der Zusammensetzung des verbrannten Mülls ab, so dass für einige Anlagen eine Produktion nicht in Frage kam.[236] Doch ein viel größerer Gewinn wurde ab den 1880er Jahren durch die Dampferzeugung erzielt. Der Dampf wurde zunächst nur für die eigenen und die angeschlossenen Anlagen genutzt, später öffentlichen Einrichtungen wie Badehäusern zugeführt und auch für den Betrieb von Pumpanlagen genutzt. Ab den späten 1890er Jahren wurde der Dampf immer mehr zur Erzeugung von elektrischer Energie verwendet.[237] Entstanden die Müllverbrennungsanlagen in England also zunächst, um das Müllproblem zu bewältigen, wurde die Technologie in einem letzten Schritt mit der Energiegewinnung verknüpft. Dies war der entscheidende Faktor bei der Frage, weshalb sich die Verbrennung in England flächendeckend gegen alle anderen Lösungssysteme durchsetzen konnte. Die Stromerzeugung machte den Bau von Verbrennungsanlagen für die Städte attraktiv und rentabel, ersetzten sie doch zu einem gewissen Grad die Kohle bei der Energieerzeugung.[238]

235 5900 Mark für Bradfort, 31800 Mark für Nottingham, Weyl: Strassenhygiene, S. 106.

236 Ebd., S. 80-82.

237 Von den 220 Anlagen im Jahr 1904 dienten 100 bereits der Stromerzeugung. Aus einer Tonne Müll konnten, je nach Beschaffenheit der Anlage und des Mülls, im Schnitt 1,5 Tonnen Dampf erzeugt werden; Lindemann: Müllverbrennung, S. 19.

238 So wurde die in Blackpool gewonnene Elektrizität zum Betrieb von Straßenbahnen eingesetzt und die Stadt sparte jährlich 4000 Mark für den Erwerb von Kohlen. In Blackburn wurden Webstühle in den Spinnereien durch den Strom der Müllverbrennungsanstalt elektrisch angetrieben; Weyl: Strassenhygiene, S. 108.

Dies zusammenfassend und mit der Müllanhäufung vergleichend, kam Theodor Weyl 1893 in seinem Bericht über die Besichtigung englischer Müllverbrennungsanlagen zu folgendem Ergebnis:

„Die Unkosten der Müllverbrennung lassen sich mit genügender Sicherheit berechnen. Die Kraft der Müllöfen kann nutzbringend verwertet werden, und die Rückstände der Verbrennung finden passende, häufig gewinnbringende Anwendung. Zu Gunsten der Müllverbrennung, aber gegen Müllanhäufung sprechen die Lehren der Hygiene."[239]

Die Anfänge der Müllverbrennung in Deutschland

Die englische Lösungsstrategie blieb auch den deutschen Gemeindevertretern nicht verborgen. Anfang der 1890er Jahre wurden zahlreiche städtische Beamte und Experten nach England entsandt, um die dortigen Anlagen zu besichtigen und ein Urteil über ihre Verwendung in deutschen Städten zu fällen.[240] Zweifellos ist diese Phase geprägt von einer enthusiastischen Beurteilung der neuen Entsorgungstechnik durch deutsche Fachleute. Erfüllte die Verbrennung doch zum einen die Forderungen der Hygienebewegung ohne, abgesehen von den Baukosten, zu hohe Kosten zu verursachen und zum anderen konnte durch die Verwendung von Dampf und Nebenprodukten sogar noch Gewinn erzielt werden. So kamen die Experten zu folgenden Schlüssen: „Und so sei denn die Müllverbrennung als eine nützliche, daher nachahmenswerte Methode der Städtereinigung auch den deutschen Hygienikern und Stadtverwaltungen aufs angelegentlichste empfohlen"[241] oder „jedenfalls kann man sich eine praktischere und angenehmere Verwertung und Beseitigung unbequemer Abgangsstoffe kaum denken. Der Ofen verdient in der That eine weitgehende Verbreitung auch auf dem Kontinent."[242] Auch H. Alfred Roechling[243] kommt 1893 zu einem ähnlichen Schluss:

„*Wenn man nun die Bemerkungen über die Verbrennung zu einem Schlussurteil zusammenfassen will, so ist man berechtigt, zu sagen: dass dieselbe den hygienischen Anforderungen völlig entspricht, dass sie das ganze Jahr hindurch ohne Unterbrechung stattfinden kann, was für städtische Behörden ohne alle Frage ein sehr wichtiger Punkt ist, und dass die mit der Verbrennung verbundenen Kosten durchaus nicht grösser sind als mit den früher ange-*

---

239   Weyl: Strassenhygiene, S. 118.
240   Vgl. die Reiseberichte von Weyl, Bohm und Grohn.
241   Weyl: Strassenhygiene, S. 120.
242   G. A. (wahrscheinlich G. Anklam(m), Ingenieur und Betriebsleiter des städtischen Wasserwerks zu Tegel bei Berlin und Herausgeber der Zeitschrift Gesundheits-Ingenieur von 1892 bis 1903): Die Vernichtung und Verwertung städtischer Abfallstoffe in England, in: Gesundheits-Ingenieur 15 (1892), S. 75-80.
243   Alfred Roechling arbeitete als „Civilingenieur" in Leichester.

wandten, zum Teil völlig gesundheitswidrigen Methoden. Das Resultat der Verbrennung, um es kurz zu fassen, ist die Überführung des Mülls von einer schädlichen in eine völlige harmlose Form mit einem Gewichtsverlust von 70–75 %."[244]

All diese zeitgenössischen Schlussfolgerungen sind ein Beleg für die Begeisterung mit welcher die in England entwickelte Technologie in Deutschland aufgenommen wurde. So dauerte es auch nicht lange bis die englische Technologie über den Kanal transferiert wurde und erste Verbrennungsanstalten bzw. Versuchsanstalten auf dem Kontinent ihren Betrieb aufnahmen. Bisweilen mit unerwarteten Ergebnissen, so dass Begeisterung und schnelle Ernüchterung eng beieinander lagen.

Deutschlands erste Müllverbrennungsanstalt am Bullerdeich in Hamburg – eine Erfolgsgeschichte

Die Stadtverwaltung Hamburgs war nach der letzten großen Choleraepidemie von 1892 traumatisiert. Keine andere Stadt in Europa hatte die asiatische Cholera so stark heimgesucht wie Hamburg.[245] Damals galt es als bewiesen, dass dort, wo „Unrat sich in großen Massen vorfindet auch gewöhnlich Epidemien mit Vorliebe ihren Aufenthalt [...] nahmen, daß mit einem Wort Schmutz und Unrat Krankheiten begünstigen."[246] Dass jedoch hauptsächlich ungefiltertes Trinkwasser die Epidemie begünstigte, war noch nicht erkannt worden.[247] Nachdem in Hamburg aufgrund der Einschätzung des Gefahrenpotenzials, welches vom Hausmüll ausging, das Abfuhrsystem zusammengebrochen war, da sich die Nachbargemeinden weigerten den Müll aufzunehmen, wurde der Stadtverwaltung ihre Abhängigkeit von Dritten mehr und mehr bewusst. Dieser Faktor in Zusammenhang mit dem Aspekt, eine hygienische Lösung für das Hausmüllproblem zu finden, ließ die in England seit 1889 „boomende" Müllverbrennung als die perfekte Lösung der Müllproblematik erscheinen. Dabei existierte das Interesse für die Verbrennung in Hamburg bereits seit Ende

244 Roechling, H. Alfred: Der gegenwärtige Stand der Verbrennung des Hausmülls in englischen Städten, in: Gesundheits-Ingenieur 16 (1893), S. 600-609, hier S. 608.

245 Die Hamburger Cholera forderte prozentual zehnmal mehr Todesfälle, als die Choleraepidemie des Jahres 1866 in London, vgl. Sterblichkeitstabelle in Folge von Choleraepidemien, in: Roechling: Verbrennung, S. 602.

246 Ebd.

247 Evans beweist dies mittels eines Vergleichs der Sterblichkeitsraten Altonas und Hamburgs, welche damals noch eigenständige Gemeinden waren. In Altona wurde das aus der Elbe gewonnene Trinkwasser gefiltert, in Hamburg nicht. Die Zahl der Choleraerkrankungen war in Altona signifikant niedriger. Evans: Hamburg, S. 372-378.

der 1880er Jahre.[248] Hintergrund waren die steigenden städtischen Ausgaben für private Fuhrunternehmer, da die Stadt stetig wuchs und somit die Müllmenge und die Transportkosten stiegen.[249] Die Choleraepidemie war also keinesfalls der Auslöser des Interesses[250], sondern beschleunigte die Umsetzung des Vorhabens.[251]

Entscheidende Bedeutung kam hierbei dem Oberingenieur der Hamburger Baudeputation Franz Andreas Meyer[252] zu. Meyer hatte sich bis Anfang der 1890er Jahre bereits durch eine Vielzahl städtebaulicher Projekte[253] bewährt und so oblag ihm auch die Verantwortung für den Bau der Müllverbrennungsanstalt. Nicht ohne Grund, denn Meyer galt zu dem Zeitpunkt bereits als einflussreicher Befürworter der Müllverbrennung nach englischem Prinzip[254]. Er war es, der bereits in den 1880er Jahren die Müllverbrennung als hygienischste Lösung in die öffentliche Diskussion einbrachte. Sein Einfluss beruhte vor allem

---

248 So erschienen ab 1886 bereits Artikel in deutschen Fachzeitschriften über die Müllverbrennung in England, was die Stadt Hamburg veranlasste, 1889 den „Inspector der Hamburger Strassenreinigung, Ingenieur Richter" auf eine Besichtigungsreise nach England zu schicken. Vgl.: Meyer, Franz Andreas: Die städtische Verbrennungsanstalt für Abfallstoffe am Bullerdeich in Hamburg, 2. Aufl., Braunschweig 1901, S. 1.

249 So hatten die Fuhrunternehmer, welche das Stadtgebiet unter sich aufgeteilt hatten, ihre Forderungen im Jahre 1891 nahezu verdoppelt. Ebd., S. 2.

250 So wie es Hösel irrtümlicher Weise behauptet: „Die erste Müllverbrennungsanlage auf dem Kontinent mit 36 Ofenzellen wurde in Hamburg 1894 errichtet. Veranlassung dazu gab die letzte Choleraepidemie vom Jahre 1892." Hösel: Abfall, S. 161. Auch Rüb geht in diese Richtung: „Die zunächst positive Entwicklung der Müllverbrennung in Deutschland ist auf die Choleraepidemie 1892 in Hamburg zurückzuführen." Rüb: Müll und Stadthygiene um 1900, S. 28.

251 Diese These vertritt auch Lindemann, vgl. Lindemann: Verbrennung, S. 97.

252 Franz Andreas Meyer (1837-1901) studierte zunächst in Hannover und legte dort 1860 seine Staatsprüfung als Ingenieur ab. Danach arbeitete er für die Hannover und Bremer Eisenbahnverwaltung, bevor er dann 1862 Mitarbeiter der Hamburger Schifffahrts- und Hafendeputation wurde. Er wechselte zur Sektion Ingenieurswesen der Baudeputation und wurde 1872 zum Oberingenieur ernannt. Er war es, der die Stadt, welche sich in der zweiten Hälfte des 19. Jahrhunderts durch die fortschreitende Urbanisierung grundlegend veränderte, neu gestaltete. Nahezu jedes öffentliche Gebäude, jede Straßenbahnlinie und die hygienischen Einrichtungen wurden von Bauingenieur Franz Andreas Meyer geplant und gebaut. Er gab der Stadt ein neues Gesicht. Meyer war in einer Vielzahl von regionalen und überregionalen Vereinen tätig. Unter anderem auch im Verein für öffentliche Gesundheitspflege. Hipp, Hermann: Artikel: Meyer, Franz Andreas, in: NDB, Bd. 17, Berlin 1994, S. 308-309; Evans: Hamburg, S. 203 f.

253 Außenalster-Ostufer, Innocentiapark, Ohlsdorfer Zentralfriedhof, Freihafenlagerhäuser der „Speicherstadt" etc., vgl. Ebd.

254 Zudem war die Straßenreinigung und Kehrichtabfuhr seit 1886 der Baudeputation unterstellt, deren Leiter Meyer seit 1872 war. Die Aufgabe zur Errichtung einer Müllverbrennungsanstalt fiel somit in sein Ressort. Meyer: Verbrennungsanstalt, S. 1.

auf seiner Tätigkeit im Verein für öffentliche Gesundheitspflege, dessen Vorsitzender er in den Jahren 1884/85 und 1888/89 war.[255] Meyer sorgte dafür, dass die Hygiene oberste Priorität bei der Lösung der Müllfrage hatte. Vor diesem Hintergrund bestätigten die Auswirkungen der Choleraepidemie in Hamburg Meyers Thesen[256] und die Epidemiefolgen müssen erneut als Beschleuniger und nicht als „Veranlasser" eingestuft werden. Ebenfalls beschleunigend wirkte der 1888 weiter ausgebaute Freihafen, für dessen Warenabfälle eine Lösung gefunden werden musste.[257]

Abbildung 14: Müllverbrennungsanlage Bullerdeich Hamburg,
aus: Meyer: Verbrennungsanstalt, Tafel 3 (ohne Seitenangabe).

255 Vgl. diverse Bände der Zeitschrift für Öffentliche Gesundheitspflege im Zeitraum zwischen 1880 und 1890, sowie Lindemann: Verbrennung, S. 100.

256 1894 stellte er gemeinsam mit seinem Kollegen Reincke Thesen zum hygienischen Umgang mit dem Müllproblemproblem auf einer Versammlung des Vereins für öffentliche Gesundheitspflege in Magdeburg auf, welche von den Anwesenden einstimmig angenommen und an alle Gemeinden in Deutschland mit der Bitte um Befolgung versendet wurden. Vgl.: Ohne Autor: Müllbeseitigung und Müllverwertung, S. 161 f.

257 Meyer: Verbrennungsanstalt, S. 2. Windmüller interpretiert diese Ausführungen Meyers als „nachträgliche Rechtfertigung" und sieht in dem Ausbau des Freihafengebiets irrtümlicherweise den Ausgangspunkt für die Interessen Hamburgs an der Müllverbrennung. Vgl. Windmüller: Kehrseite, S. 123.

Nachdem der Hamburger Senat bei der Bürgerschaft bereits am 23. Mai 1892 die Bewilligung von 60000 Mark für den Bau einer Versuchsanlage gegeben hatte[258], stieß kurze Zeit später der Antrag der Baudeputation bzgl. des Baus einer Großanlage mit 36 Öfen, welche den Hausmüll von 300000 Menschen – die Hälfte aller Hamburger Einwohner – verbrennen sollte, auf Kritik. Hauptkritikpunkte waren die Vernichtung von Dungstoffen, welche als volkswirtschaftlicher Fehler angesehen wurde, sowie die vermutete Unbrennbarkeit des Hamburger Unrats. Angestachelt wurde die Kritik durch einen völlig haltlosen Reisebericht Schloskys, welcher dem Berliner Magistrat berichtet hatte, dass in England die Müllverbrennung bereits wieder zurückgehe und eine solche Technik für deutsche Verhältnisse ungeeignet sei.[259] Erst nachdem Meyer mit den beiden städtischen Beamten Reincke und Richter im Sommer 1893 selbst nach England gereist war und der Hamburger Bürgerschaft vom Erfolg der englischen Anlagen berichtete, wurde der Errichtung der 480000 Mark[260] teuren Anlage am 12. Juli 1893 zugestimmt.[261]

Nachdem nahezu alle englischen Ofenbauer, aber auch einige wenige deutsche Firmen, welche natürlich noch keine Erfahrung bzgl. der Müllverbrennung besaßen, bei der Stadt Hamburg für ihr jeweiliges System geworben hatten, wurden sechs Versuchsanlagen englischer Bauart in Hamburg errichtet. Vier nach dem System Horsfall mit Beschickung von oben, Dampfstrahlgebläse und einer klassischen „Rücken an Rücken" Anordnung, sowie zwei Öfen der Firma Whiley, deren Hauptmerkmal ein mechanischer Rost war.[262] Versuche mit letzterem scheiterten jedoch recht schnell, da der Unrat auf dem Rost verklebte, weil durch die kontinuierliche Beschickung hohe Mengen an Schlacke anfielen, so dass die beiden Öfen nach dem System Horsfall umgebaut wurden. Die Horsfall & Co. verpflichtete sich nach vielen Verhandlungen[263] im April 1894 binnen 20 Wochen die Versuchsöfen betriebsbereit zu errichten und garantierte eine Leistungsfähigkeit von 5000 kg Hausmüll

258 Nussbaum, Christian: Erbauung einer Verbrennungsanstalt für Abfallstoffe in Hamburg, in: Hamburger Nachrichten vom 7. November 1892. Abgedruckt in: Gesundheits-Ingenieur, 16. (1893), S. 58-60.

259 Diese Schrift wurde auch in der Hamburger Bürgerschaft verbreitet.

260 Nach der Fertigstellung der Anlage beliefen sich die Kosten insgesamt auf 510000 Mark. Vgl. Baukostenaufstellung in: Meyer: Verbrennungsanstalt, S. 17.

261 Ebd., S. 3 f.

262 Dass die Entscheidung auf diese beiden Systeme fiel, ist nicht verwunderlich. Der Horsfall-Ofen war eine Weiterentwicklung des „Destructors" von Fryer und in England Marktführer. Whiley hingegen war das neuste und modernste Konzept auf der Insel, die Hauptinnovation lag in einem beweglichen Rost, welcher bewirken sollte, dass der Ofenrost seltener von Schlacken befreit werden musste und so der Verbrennungsprozess seltener durch einströmende Kaltluft beeinträchtigt wurde. Nach Meyers Ausführungen scheiterte dieses System in Hamburg völlig. Dies verwundert, da der englische dem Hamburger Hausmüll sehr ähnlich war, denn auch in Hamburg wurde in den Haushalten überwiegend mit englischen Steinkohlen geheizt.

263 Hierbei spielte der bereits erwähnte Roechling aus Leichester eine entscheidende Rolle, da er als Vermittler zwischen den beiden Verhandlungspartnern fungierte.

pro Zelle in 24 Stunden. Gebaut und betrieben wurden die ersten Öfen zunächst ausschließlich von englischen Ingenieuren und Arbeitern.

Im Dezember erreichte die Horsfall & Co. planmäßig ein Verbrennungsergebnis von 4500 bis 5000 kg pro Zelle pro Tag. Dieses Ergebnis ließ sich nun jedoch nicht einfach auf 36 Zellen umrechnen, da der Abzugskanal und der Schornstein bereits für die Gesamtanlage dimensioniert waren und die Versuchsergebnisse beeinflussten. Zudem benötigten die Dampfstrahlgebläse mehr Dampf als die Anlage selbst erzeugte, wodurch zusätzliches Brennmaterial nötig wurde. Gegen die Dampfstrahlgebläse sprach auch die Tatsache, dass Versuche mit Trockenluftgebläsen bessere Ergebnisse erzielt hatten. Die englischen Ingenieure hielten jedoch an ihrer Technik fest, da sie mit Trockenluftgebläsen in England stets schlechte Ergebnisse erzielt hatten.

Im Sommer 1895 erhielt Horsfall nach halbjährlichem und erfolgreichem Probeversuch den Auftrag, die 30 weiteren Zellen zu errichten. Interessant ist in diesem Zusammenhang, dass die Verantwortlichen in Hamburg[264] in weiser Voraussicht darauf bestanden, dass die Anlage so gebaut werde, dass eine nachträgliche Umstellung auf Trockenluftgebläse möglich blieb. Ende 1895 ging die Anlage in Betrieb und verarbeitete den Hausmüll von rund 300000 Einwohnern sowie die Abfälle des Freihafens. Bald nach der Inbetriebnahme wurden die Dampfstrahlgebläse ausgebaut und durch Trockenluftgebläse[265] ersetzt.[266] Dadurch wurden deutlich bessere Ergebnisse erzielt, und nach fünfjährigem Betrieb konnte bereits der Hausmüll von 433000 Hamburgern dort verbrannt werden. Die Leistungssteigerung ist in Grafik 3 erkennbar. Darüber hinaus ist durch die Betrachtung der Minimal- und Maximalleistungen, welche sich zunehmend annähern, ersichtlich, dass ein konstanterer Betrieb erreicht werden konnte (ebenfalls Grafik 3).

264 Meyer und Richter, aber auch Roechling.
265 Hierbei handelt es sich um zwei elektrisch betriebene Ventilatoren für die gesamte Anlage.
266 Meyer führte diesen Umstand darauf zurück, dass der Hamburger Müll doch nicht so gut brannte wie der englische, da sich das Dampfstrahlgebläse nur bei einer hohen Temperatur positiv auf die Verbrennung auswirke, bei einer niedrigeren Temperatur hingegen beeinträchtigte der Wasserdampf die Verbrennung und könne die Flamme gar zum Ersticken bringen, vgl. Meyer: Verbrennungsanstalt, S. 10 ff.

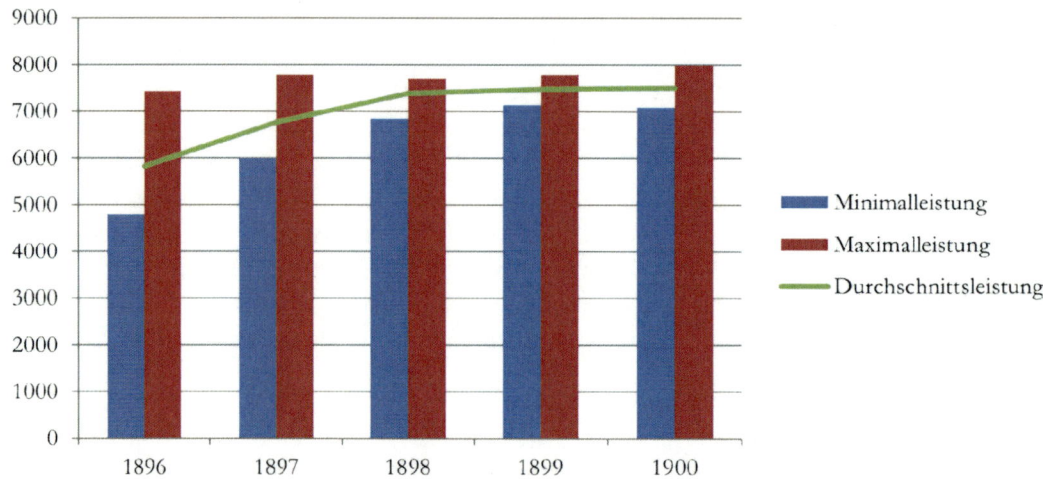

Grafik 3: Leistungssteigerung der Hamburger Müllverbrennungsanlage, Angaben in kg, nach: Meyer: Verbrennungsanstalt, 2. Auflage, S. 19.

Um die Jahrhundertwende war in Hamburg die Verbrennung – zumindest die Transportkosten betreffend – bereits günstiger als die landwirtschaftliche Nutzung des Hausmülls. So kostete der Transport des Hausmülls zum Bullerdeich pro Kopf und Jahr ca. 0,3 Mark, der Transport zur landwirtschaftlichen Nutzung hingegen pro Kopf und Jahr 0,38 Mark. Nach fünfjährigem Betrieb kam Meyer zu folgendem Fazit: „In den fünf Jahren der ununterbrochenen Dauer des vollen Betriebs hat sich die Verbrennungsanstalt ihrer Aufgabe und allen an sie gestellten Anforderungen vollkommen gewachsen gezeigt, wenngleich nach der Erfahrung des Betriebes noch fortgesetzt Verbesserungen zur Ausführung gelangen."[267]

Die Nebenprodukte der Verbrennung in Hamburg wurden genauso genutzt wie in England. Aus der Schlacke wurden Steine und Mörtel produziert, mit dem Dampf wurden Sielpumpen in der direkten Umgebung der Anstalt betrieben und um die Jahrhundertwende diente die Verbrennung auch zunehmend der Stromerzeugung. Eine Betrachtung der Gesamtkosten[268] der Anstalt zeigt, dass die Anlage dann zur Jahrhundertwende allmählich bessere Bilanzen aufwies (vgl. Grafik 4),[269] so dass Meyer zu dem Schluss kommt, dass

267 Ebd., S. 8.
268 Inklusive aller Kosten (Transport etc.), lediglich ohne die Kosten für den Grunderwerb. Ebd. S. 37.
269 Nach ebd., S. 38. Meyer bringt hier erneut den Vergleich mit der landwirtschaftlichen Nutzung des Hausmülls, leider ohne Beleg für diese Vergleichswerte. Die Werte für das Jahr 1901 sind allerdings nur prognostiziert. Insgesamt ist diese Bilanz also kritisch zu betrachten.

der „durch die Verbrennung des Unraths erzielte hygienische Effect [...] ohne finanzielle Opfer erreicht"[270] werden konnte.

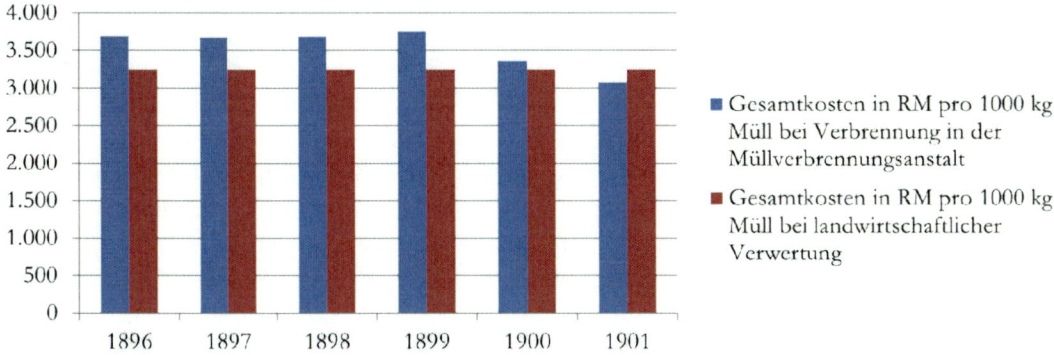

Grafik 4: Vergleich der Gesamtkosten der Müllentsorgung in der Verbrennungsanstalt und in der Landwirtschaft (inkl. aller Kosten (Transport etc.), lediglich ohne die Kosten für den Grunderwerb), aus: Meyer: Verbrennungsanstalt, S. 38.

Bis zum Ersten Weltkrieg konnte die Leistung der Hamburger Anlage von anfänglich (1896) 45000 Tonnen und 68000 Tonnen im Jahre 1901 bis auf 87000 Tonnen jährlich gesteigert werden. Es wurde durch verschiedene technische Verbesserungen, vor allem einer höheren Verbrennungstemperatur, in knapp 20 Jahren also eine Verdopplung der Effektivität erreicht.[271] Die Müllverbrennungsanstalt in Hamburg hatte eine Schlüsselfunktion für die Verbreitung der Verbrennungstechnik in Deutschland und dies nicht, weil sie weltweit die größte ihrer Art war, sondern weil deutsche Ingenieure von ihr lernten und so in Deutschland bald eigene Systeme entstanden. Darüber hinaus diente die Anlage vielen Städten als Versuchsstation. So gab es in Hamburg zwei Öfen, die nur dazu genutzt wurden, Hausmüll aus anderen deutschen Städten zu verbrennen, um damit den Nutzen einer Verbrennungsanlage in Abhängigkeit von der Brennbarkeit des regionalspezifischen Hausmülls festzustellen. Die Müllverbrennung in Hamburg war insgesamt eine Erfolgsgeschichte.

270 Meyer: Verbrennungsanstalt, S. 38.
271 Windmüller: Kehrseite, S. 125.

Müllverbrennung in Berlin: Das Scheitern einer hoffnungsvollen und prestigeträchtigen Innovation

Anders als in Hamburg war die Verbrennung des Berliner Hausmülls sehr viel problematischer. Auch die dortigen Fachleute setzten ihre Hoffnungen zur Lösung des Müllproblems zunächst in die aus England kommende neue Technologie der Verbrennung, so dass der Magistrat 1893 100000 Mark für die Errichtung einer Müllverbrennungsanlage zur Verfügung stellte. Hintergrund war hierbei vermutlich nicht nur der Umstand eine Problemlösung zu finden, sondern auch die Tatsache, dass eine vorhandene Müllverbrennungsanlage in gewisser Weise auch eine Prestigefrage war und die deutsche Hauptstadt hier sicherlich nicht als rückständig gelten wollte.[272] Die beiden für die Umsetzung verantwortlichen Beamten, Stadtrat Julius Bohm und Regierungsbaumeister Hermann Grohn, reisten, wie ihre Hamburger Kollegen auch, nun im Spätsommer 1893 nach England, um die vorhandenen Anlagen zu besichtigen und die für eine Berliner Versuchsanlage zu verwendenden Systeme auszuwählen.[273] In der Folgezeit wurden in Berlin auf einem Grundstück an der Stralauer Allee, welches bereits über einen Schornstein verfügte und das auch deshalb von englischen Fachleuten als geeignet bezeichnet wurde, zwei englische Systeme erbaut und getestet, drei Zellen nach dem System Horsfall[274] und drei Zellen nach dem System Warner[275]. Beide Systeme konnten unabhängig voneinander betrieben werden. Sie nutzten lediglich den vorhandenen Schornstein gemeinsam, obgleich sie dennoch über unterschiedliche Abzugskanäle verfügten. Anders als in Hamburg wurde nur der Warner-Ofen von englischen Fachleuten errichtet, wohingegen der Horsfall-Ofen unter der Leitung eines deutschen Ingenieurs von einheimischen Arbeitern gebaut wurde. Die Versuche in der deutschen Hauptstadt wurden bis 1896 durchgeführt[276] und kamen zu einem von den Fachleuten so nicht erwarteten Ergebnis.

Wie in England und Hamburg wurde der Müll zunächst unsortiert, so wie er aus den Haushalten kam, verbrannt. Im Sommer brannte der Müll gut, aber im Winter lediglich unter Zusatz von Brennstoffen, anfangs Koks, später Kohle. Dies verursachte hohe Kosten.

272 Windmüller: Kehrseite, S. 125 f.

273 Ihre Ergebnisse nebst Reiseroute lassen sich in dem bereits zitierten Werk nachvollziehen. Vgl. Bohm/Grohn: Müllverbrennung. Im Mai 1894 reisten Bohm und Grohn in Begleitung der Stadtverordneten Frick, Jacobi und Mentel, alle Mitglieder der Strassenreinigungsdeputation in Berlin, erneut nach England. Vgl. Röhrecke, Müllabfuhr, S. 36 ff.

274 Dasselbe wie in Hamburg mit Dampfstrahlgebläse.

275 Der Warner-Ofen basierte, wie auch das Horsfall-System, grundsätzlich auf dem Fryer-Ofen und wurde wie dieser von oben beschickt. Er unterschied sich vom Horsfall-Ofen nur durch einige kleinere technische Details wie verschiedene Vorrichtungen, welche das Einströmen von Kaltluft verhinderten.

276 Die Ergebnisse wurden von Bohm und Grohn 1897 zusammengefasst: Bohm, Julius; Grohn, Hermann: Die Müllverbrennungsversuche in Berlin, Berlin 1897.

Wie in Hamburg wirkte sich das Dampfstrahlgebläse auch in Berlin negativ auf die Verbrennung bei niedrigen Temperaturen aus und ließ das Feuer bisweilen sogar ganz ersticken. Doch auch eine spätere Umrüstung auf ein ventilatorbetriebenes Trockenluftgebläse führte nur zu wenig verbesserten Verbrennungsresultaten. Denn auch bei trockenem Unterwind mussten in den Wintermonaten beträchtliche Mengen an Brennmaterial verwendet werden, damit der Betrieb aufrechterhalten werden konnte. Lediglich der von Aschen befreite, gesiebte Müll brannte ohne Zusatz von Steinkohle oder Koks. Doch auch eine Vorsortierung verursachte Kosten. Hinzu kam noch, dass die Berliner Schlackenreste sich nicht für eine Weiterverarbeitung eigneten.[277] Um ausschließen zu können, dass die ungünstigen Versuche auf die Konstruktion der Berliner Versuchsanlage zurückzuführen war, wurde der Berliner Müll zu Versuchszwecken nach Hamburg und Hamburger Müll nach Berlin geschickt, mit dem Ergebnis, dass der Hamburger Müll in Berlin gut und der Berliner Müll in Hamburg schlecht brannte. Die Öfen hatten also keinen Einfluss auf die schlechten Berliner Ergebnisse.[278] Zudem reichte die erzielte Verbrennungstemperatur nicht aus, um Dampf zu erzeugen, ein Faktor, der für die Wirtschaftlichkeit einer Anlage absolut entscheidend war.[279] So kamen Bohm und Grohn 1897 zu folgendem Schluss: „Es entstehen deshalb in Berlin Auslagen für den Zusatz in den Öfen, für die Heizung der Dampfkessel und für die Abfuhr der Rückstände, welche die Kosten für die Müllverbrennung unverhältnismäßig hoch erscheinen lassen."[280] Die entscheidende Frage, die in diesem Zusammenhang gestellt werden muss, ist also: Warum brannte der Berliner Hausmüll nicht? Hatten Experten wie Theodor Weyl im Jahre 1893 doch noch euphorisch geäußert, „daß in gut konstruierten Öfen auch das deutsche Müll verbrennt"[281], obgleich sie bereits erkannt hatten, dass im englischen Hausmüll der Anteil an halbverbrannten Kohlen sehr viel höher war als in Deutschland. Unter anderem deshalb, weil „bei uns [...] die sparsame Hausfrau das ‚teure Brennmaterial' soweit als irgend möglich auszunutzen versucht."[282]

Der Anteil halbverbrannter Kohlen, der lange Zeit als Hauptargument für die gescheiterten Versuche in Berlin angeführt wurde, war also in Deutschland geringer als in England.

277 So waren produzierte Schlackenziegel stark porös. Wahrscheinlich hing dies mit einer niedrigen Verbrennungstemperatur zusammen.

278 Für die Ergebnisse der Verbrennungsversuche des Berliner Mülls in Hamburg vgl. Meyer: Verbrennungsanstalt, S. 20–25.

279 Röhrecke: Müllabfuhr, S. 45–56.

280 Röhrecke: Müllabfuhr, S. 55, er bezieht sich hierbei auf den Bericht Bohm und Grohns aus dem Jahre 1897, selbiges Zitat findet sich mit gleichem Bezug auch sechs Jahre später bei Koschmieder: Müllbeseitigung, S. 57.

281 Weyl: Strassenhygiene, S. 117. Damit schließt Weyl ein Kapitel mit dem bezeichnenden Titel „Ist unser Müll brennbar?" ab.

282 Ebd., S. 116.

Aber warum brannte dann der Hamburger Müll, gab es dort keine sparsamen Hausfrauen? Es konnte dies also nicht der einzige Grund sein, auch wenn außer Frage steht, dass der Anteil an ungenutztem Brennmaterial einen Verbrennungsprozess begünstigt. Ausschlaggebend waren auch nicht unterschiedliche Ofentypen in den Haushalten, sondern die einfache Tatsache, dass in Berlin überwiegend mit Braunkohlen und nicht mit Steinkohlen geheizt wurde. Das hatte für die Verbrennung des Hausmülls negative Folgen. Der Brennwert der Braunkohle ist viel geringer als jener der Steinkohle[283], das heißt zum einen, unverbrannte Steinkohlenreste brennen bei der Müllverbrennung besser als Reste der Braunkohlen, und zum anderen, was viel entscheidender ist, in den Haushalten brauchten die Bewohner eine größere Menge an Braunkohlen, um das gleiche Resultat – eine warme Wohnung – zu erzielen. Dies hatte zum Ergebnis, dass im Hausmüll viel mehr Aschen vorhanden waren. Doch Asche brennt nicht und andere Müllbestandteile, welche mit der Asche in Berührung kommen, brennen weitaus schlechter. All dies wirkte sich sehr negativ auf die Verbrennung aus, aber der Todesstoß jeglicher Verbrennungsversuche lag in einer weiteren Eigenschaft der Braunkohle selbst. Braunkohle braucht sehr viel weniger Sauerstoff für die Verbrennung als Steinkohle. Schlossen die Hausbewohner nun am Abend die Hausöfen und legten sich zur Ruhe, erloschen die mit Steinkohlen betrieben Öfen aufgrund der geminderten Sauerstoffzufuhr sehr schnell. Die Braunkohlenbriketts in den Öfen glimmten jedoch zum Teil noch bis zum nächsten Morgen, da sie kaum Sauerstoff benötigten. Wurde der Ofen am nächsten Tag neu entzündet, landeten die Reste vom Vortag im Hausmüll, wodurch der hohe Anteil an halbverbrannten Kohlen in Gebieten mit Steinkohlenfeuerung erklärt werden kann. In mit Braunkohlen heizenden Regionen wie Berlin war der Rückstand an halbverbrannten Kohlen also nicht nur geringer, sondern nahezu gar nicht vorhanden.[284] Hingegen war der Anteil an Aschen, nicht nur aufgrund der größeren Menge an Braunkohlen, sondern auch aufgrund der spezifischen Eigenschaften der Braunkohle, signifikant höher. Müllanalysen beweisen dies, so der Vergleich zwi-

---

283 Dies liegt an der chemischen Beschaffenheit der beiden Kohlenarten, so ist der Anteil an freien Wasserstoffen in der Braunkohle höher als in Steinkohlen. Dennoch gibt es auch bei Steinkohlen Unterschiede, so erreicht Anthrazitkohle, durch einen äußerst geringen Anteil an Wasserstoffen, unter den Steinkohlen den höchsten Heizwert. Vgl., Haase, Friedrich Hermann: Feuerung und Feuerungsanlagen, Berlin 1915, S. 9-37.

284 So schrieb Fodor 1911: „In Berlin werden sehr viel aus Braunkohlen angefertigte Briketts verfeuert, welche beinahe gar keine verbrennbaren Rückstände hinterlassen, so dass der Heizwert des Berliner Kehrichts unter allen deutschen Städten am geringsten ist." Fodor: Elektrizität, S. 54.

schen Wiesbadener und Berliner Müll im Frühjahr 1902.[285] Ähnlich schlecht waren auch die Ergebnisse mit Potsdamer und Magdeburger Müll, da auch dort überwiegend mit Braunkohlen geheizt wurde.

Es gab also nicht den deutschen Hausmüll, sondern regional sehr unterschiedliche Zusammensetzungen. Für den Erfolg von Müllverbrennungsprozessen war hierbei die ortsübliche Wahl des Brennmaterials für Hausbrand entscheidend. Die Müllverbrennung für Berlin war folglich als Lösung gescheitert. Daher setzten die Berliner Verantwortlichen auch für kurze Zeit auf technische Alternativen aus dem Bereich der thermischen Lösungen, namentlich auf Müllvergasung[286] und Müllschmelze[287]. Beide Systeme hatten jedoch so viele Defizite, dass sie nicht nur in Berlin, sondern in ganz Deutschland nie über einen Versuchsstatus hinaus kamen.[288] Verantwortlich hierfür waren vor allem die extrem hohen Temperaturen, welche zum einen eine hohe externe Brennstoffzufuhr erforderten und zum anderen dem Mauerwerk des Ofens schadeten und häufige Instandsetzungsarbeiten erforderlich machten.[289] Die gescheiterten Verbrennungsversuche waren dafür verantwortlich, dass in Berlin in der Folgezeit der Fokus wieder mehr auf die Sortierung bzw. landwirtschaftliche Nutzung gelegt wurde. Dennoch entbehrten die Aussagen einiger Vertreter der

285 So betrug der Anteil an Feinmüll (vor allem Aschen) in Berlin 45,73 % und in Wiesbaden nur 23,79 % des Gesamtmülls. Der Anteil an Kohlenrückständen betrug in Berlin nur 2,21 %, in Wiesbaden 29,59 % aller im Hausmüll vorhandenen Stoffe. Die Berliner Untersuchung fand am 10. 2. 1902 und die Wiesbadener am 6. 3. 1902 statt, also zur gleichen Jahreszeit. Eine Untersuchung des Charlottenburger Mülls vom 5. 3. 1902 führte zu einem ähnlich schlechten Ergebnis: Feinmüll: 47,71 %, Kohlenreste: 12,21 %. Obgleich die Zusammensetzung von zahlreichen Faktoren abhängig ist, ist ein Unterschied zwischen Steinkohlen- und Braunkohlenfeuerung deutlich erkennbar. Zu den Daten vgl. Koschmieder: Müllbeseitigung, S. 9.

286 Hierfür entstand nur ein System, das „System Ottermann", welches ähnlich der Steinkohlengaserzeugung unter Luftabschluss den Müll vergaste und so Gas erzeugte, das mit Steinkohlengas mischbar Motoren betreiben konnte. Die Mischung mit Müllgas hatte jedoch einen Qualitätsverlust zur Folge. Es konnte auch nicht ungemischt für Steinkohlengasmotoren verwendet werden, da die Motoren hierfür hätten umgebaut werden müssen. Koschmieder: Müllbeseitigung, S. 63 f.; Koepper: Müllverbrennung, S. 70 f. Zweifellos wirkten sich die komplizierten Anwendungsmöglichkeiten und die niedrige Qualität des Müllgases negativ auf den Erfolg des Systems aus.

287 Die Müllschmelze wurde im Jahre 1894 vom Dresdener Ingenieur Richard Schneider entwickelt. Hierbei sollte durch eine höhere Verbrennungstemperatur eine effektivere Verbrennung stattfinden. Die lavaartigen Verbrennungsreste sollten zu Ziegeln verarbeitet werden. Dem System Schneider folgten die Systeme „Wegener" und „Ubrig", welche sich jedoch nur in Details vom Ursprungssystem unterschieden. Vgl. Koschmieder: Müllbeseitigung, S. 60-63.

288 Aus diesem Grund im Rahmen dieser Studie auch nicht näher besprochen.

289 Koschmieder: Müllbeseitigung, S. 60-65.

landwirtschaftlichen Methode im Jahre 1903, dass die Müllverbrennung in Deutschland aufgrund der missglückten Berliner Versuche gescheitert sei, jeglicher Grundlage.[290] Tatsächlich breitete sich die Müllverbrennung in Deutschland weiter aus.

290 Lindemann: Verbrennung, S. 100.

Die Entwicklung eigener Systeme in Deutschland bis zum Ersten Weltkrieg

Ausgehend von der Hamburger Verbrennungsanstalt fand die Verbrennung des Hausmülls in weiteren deutschen Städten Anwendung. Viele deutsche Gemeinden nutzten die Hamburger Anlage für Verbrennungsversuche und schickten Eisenbahnwaggons mit ihrem Müll dorthin.[291] In der Folgezeit wurden aber auch zunehmend direkt vor Ort Versuchsanlagen zur Müllverbrennung errichtet. Bis zum Ende des Ersten Weltkriegs entstanden in Deutschland neben der Anlage am Hamburger Bullerdeich noch weitere neun Anlagen.[292] Interessant ist diesbezüglich, dass, obwohl auch englische Ofenbauer für ihre Systeme war-

---

291 Zwischen 1895 und 1900 wurden so in Hamburg Versuche mit Essener, Stuttgarter, Berliner, Münchener, Magdeburger, Elberfelder, Kölner, Posener, Kasseler, Dortmunder, Plauener und Wiesbadener Müll durchgeführt. Darüber hinaus kam auch dänischer Müll aus Frederiksberg bei Kopenhagen zu Versuchszwecken nach Hamburg. Meyer: Verbrennungsanstalt, S. 20-25.

292 In Wiesbaden, Beuthen, Kiel, Barmen, Frankfurt, Fürth, Altona, Hamburg-Barmbeck (= Hamburg II) und Aachen. Zum Bauzeitpunkt dieser Anlagen existieren die unterschiedlichsten Angaben. So setzt Windmüller die Errichtungszeitpunkte folgendermaßen: 1906: Frankfurt, Kiel und Wiesbaden; 1910: Barmen und Fürth; 1911/12: Hamburg II, 1912/13: Altona; 1913: Aachen. Die Beuthener Anlage findet keine Erwähnung, obwohl sie auf deutschem Gebiet liegt. Windmüller verweist zwar auf unterschiedliche Daten und führt diese Ungenauigkeiten auf die Differenz zwischen Baubeginn und Inbetriebnahme zurück, dennoch bleibt sie einen Beleg(!) oder eine Rechtfertigung der von ihr benutzten Daten schuldig. Vgl. Windmüller: Kehricht, S. 126. Hösel widerspricht sich in seinem Werk selbst. So gibt er die zeitliche Reihenfolge (ohne Jahreszahlen) zunächst folgendermaßen an: Hamburg, Wiesbaden, Beuthen, Kiel, Frankfurt, Puchheim, Altona, Barmen, Aachen und Fürth. Eine zweite Hamburger Anlage wird nicht explizit erwähnt, dafür jedoch die kleine Anlage in Puchheim, welche allerdings nicht eigenständig, sondern Bestandteil der dortigen Sortieranstalt war. Später widerspricht Hösel seiner vorherigen Reihenfolge völlig: Beuthen (1904), Kiel, Wiesbaden (beide 1905), Barmen, Frankfurt (beide 1907), Hamburg II (1910), Fürth (1911), Aachen und Altona (beide 1912). Vgl. Hösel: Abfall, S. 162 u. 187. Diese Angaben aus neuster Zeit spiegeln bereits in eindrucksvoller Weise die Problematik wieder. Aufgrund der zeitlichen Nähe und einer häufigen Differenzierung zwischen Baubeginn und Inbetriebnahme orientiert sich die vorliegende Arbeit an den Daten Johann Eugen Mayers aus dem Jahre 1915: Wiesbaden (1902-1903), Beuthen (1904), Kiel (1905-1906), Barmen (1908), Frankfurt (1908/09), Fürth (1910) und Altona (1913). Vgl. Mayer: Müllbeseitigung, S. 50-74. Für Hamburg II finden sich bei Mayer keine exakten und für Aachen keine Angaben. Für Aachen kann, nach Lindemann, die die Aachener Anlage ausführlich beschreibt, das Jahr 1915 genannt werden, dies ist das Datum der Inbetriebnahme. Verbrennungsversuche fanden in Aachen seit 1906 statt. Vgl. Lindemann: Müllverbrennung, S. 20. Für die zweite Hamburger Anlage in Barmbeck am Alten Teichweg kann nach den Angaben der Hamburger Stadtreinigung das Jahr 1912 (Baubeginn 1907/08) als gesichert gelten. Vgl. Stadtreinigung Hamburg: 100 Jahre Müllverbrennung in Hamburg, 1896-1996, Hamburg 1996, S. 6.

ben und die Hamburger Öfen sogar englischer Bauart waren, ausschließlich Verbrennungs-anstalten deutscher Firmen Anwendung fanden. Die deutschen Ingenieure hatten sich somit in kürzester Zeit die englische Technik angeeignet und weiterentwickelt. Oberstes Ziel dieser Fachleute war es, die in einigen Regionen Deutschlands geringe Brennbarkeit des Hausmülls durch technische Veränderungen auszugleichen.[293] Durchsetzen konnten sich in Deutschland vor allem die Systeme der Firmen „Herbertz"[294] und „Dörr"[295]. In Kiel, Frankfurt und Altona fand das System Herbertz, in Wiesbaden und Beuthen das System Dörr Anwendung.[296] Wie alle deutschen Systeme unterschieden sich auch die Öfen nach System Dörr und Herbertz deutlich von den englischen Konstruktionen des aus-gehenden 19. Jahrhunderts, da das stete Ziel der deutschen Ingenieure die Anpassung der Öfen an deutsche Verhältnisse war. Im Folgenden sollen nun diese zwei wichtigsten Sys-teme erläutert werden.[297]

Bei dem um 1900 entwickelten Ofensystem Herbertz wurde die Grundform der eng-lischen Öfen zwar beibehalten, dennoch gab es technische Veränderungen. So waren die Zellen des Herbertzofens sehr viel kleiner als die der englischen Vorbilder, wodurch auch die Rostfläche von 2,75 qm bspw. bei Horsfall auf 1 qm verkleinert wurde. Grund hierfür war, dass durch kleinere Zellen eine höhere Temperatur erreicht werden konnte, weil die Luftzufuhr besser zu steuern war. Um dies noch weiter zu optimieren, wurden die Her-bertzöfen mit einem Düsenrost[298] anstelle eines gewöhnlichen Gitterrostes versehen. So konnte der Wind (Luftzufuhr) besser verteilt werden und eine gleichmäßige Verbrennung ablaufen. Bei den Herbertzöfen war ebenfalls gängige Praxis, dass nicht eine große Beschi-ckung, sondern mehrere kleine stattfanden, wodurch der Müll ebenfalls gleichmäßiger ver-

293 Koepper: Müllverbrennung, S. 83.

294 Maschinenbaufabrik Eisengießerei F.A. Herbertz Richardswerk Köln-Kalk, die Firma wurde in den 1860er Jahren von Friedrich August Herbertz, er stammte aus Uerdingen, gegründet und produzierte zunächst Landmaschinen. Vgl. www.digitalis.uni-koeln.de/Herrmannk/herr-mannk4-13.pdf, letzter Zugriff am 11. 11. 2009.

295 Das System Dörr, entwickelt von Clemens Dörr, wurde von der Stettiner Chamottesteinfabrik vorm. Didier gebaut und vertrieben. Vgl. Koepper: Müllverbrennung, Vorwort (ohne Seiten-zahl).

296 Die Anlage in Hamburg Barmbeck wurde von Casparsohn gebaut und Fürth und Barmen ver-wendeten die Öfen der Firma Humboldt aus Köln. Welche Öfen in Aachen eingesetzt wurden, bleibt unklar. Mayer: Müllbeseitigung, S. 50-74; Lindemann: Müllverbrennung, S. 20 f.

297 Auf den Humboldt-Ofen soll hier nicht näher eingegangen werden, da er ein Mischsystem aus Herbertz und Dörr war.

298 Ein Düsenrost ist eine hohle Eisenplatte, welche nach obenhin mit Löchern versehen ist. Die Luft wird in der Platte vorgewärmt und dann unter Hochdruck der Verbrennung zugeführt. Bote, L.: Die städtische Verbrennungsanstalt zur Beseitigung des Hausmülls in Kiel, Kiel 1907, S. 6.

brannte. Die Entschlackung erfolgte nicht nach jeder kleinen Beschickung, sondern erst nach mehreren. So konnte eine zu starke Abkühlung des Ofens von außen vermieden werden.[299] „Die Kennzeichen des Herbertzofens sind also kleine Zelle und kleine Einzelbeschickung."[300] Der Herbertzofen fand jedoch zunächst nicht in Deutschland, sondern in den österreichischen Städten Brünn und Fiume im Jahr 1905 Anwendung. Wenig später wurde aber auch in Deutschland mit dem Bau einer Anlage in Kiel begonnen, die bereits im Jahr 1906 ihren Betrieb aufnehmen konnte.[301]

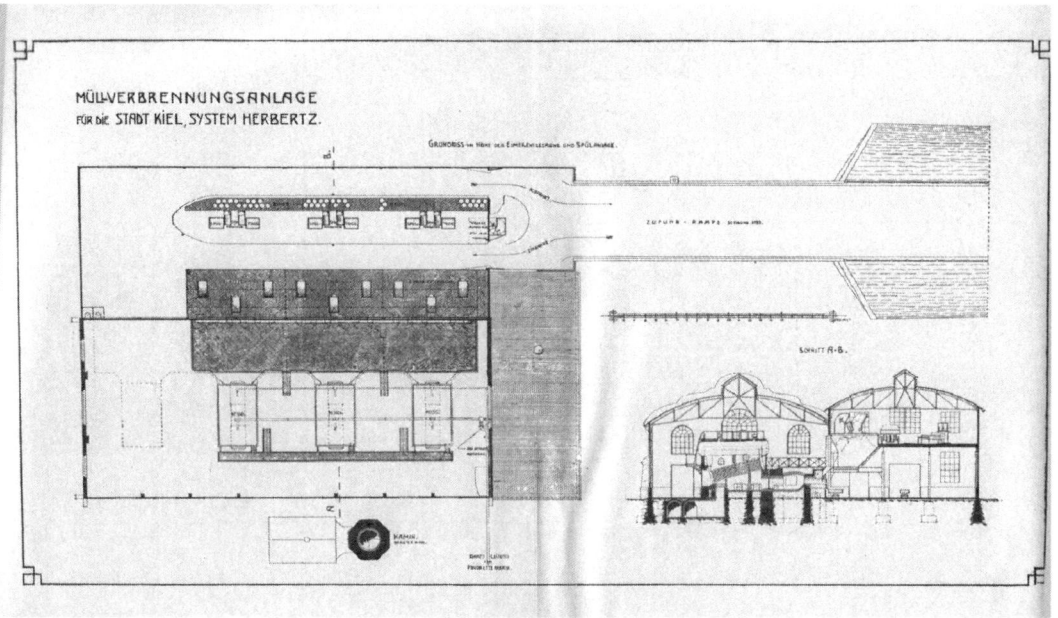

Abbildung 15: Müllverbrennungsanlage System Herbertz in Kiel, aus: Bote: Kiel, S. 47.

Ein anderes Prinzip verfolgte der Ofenbauer Clemens Dörr mit seinem von der Stettiner Chamottesteinfabrik, vorm. Didier, gebauten Ofen. Die Öfen nach dem System Dörr ori-

299 Wolff, Otto: Die feuerungstechnische Entwicklung der Müllverbrennungsöfen auf geschichtlicher Grundlage, in: Stadtverwaltung Düsseldorf (Hrsg.): Verhandlungen des ersten Kongresses für Städtewesen in Düsseldorf 1912, 2. Bd., Düsseldorf 1913, S. 58-69, hier S. 59 f.
300 Ebd., S. 59.
301 Auch in Kiel wurden im Vorfeld verschiedene Brennversuche mit heimischem Müll unternommen, so mit dem System Dörr in der Charlottenburger Versuchsanstalt, mit dem System Herbertz in der Kölner Versuchsanlage und auch in der englischen Anlage Hamburgs. Der Kieler Müll eignete sich überall zur Verbrennung, mit dem System Herbertz wurden jedoch die besten Ergebnisse erzielt. Für detaillierte Informationen zur Kieler Anlage vergleiche: Bote: Verbrennungsanstalt.

entierten sich stark an den Konstruktionsprinzipien von Hochöfen. Es handelte sich nämlich bei der Dörr'schen Konstruktion um Schachtöfen, d. h. der Müll wurde in großen
Mengen in einen Schacht geworfen und dort verbrannt. Die Konstruktion funktionierte
somit ohne Rost.[302]

Die Vorteile dieses Systems lassen sich folgendermaßen zusammenfassen[303]:

1. Eine geringe Menge an Verbrennungsrückständen.
2. Relative hohe Wärmeentwicklung von mindestens 1000°C.[304]
3. Hohe Verdampfungsresultate (bedingt durch 2.).
4. Geringe Wartungskosten durch Rostverzicht.
5. Leichtes Entschlacken (bedingt durch 4.).

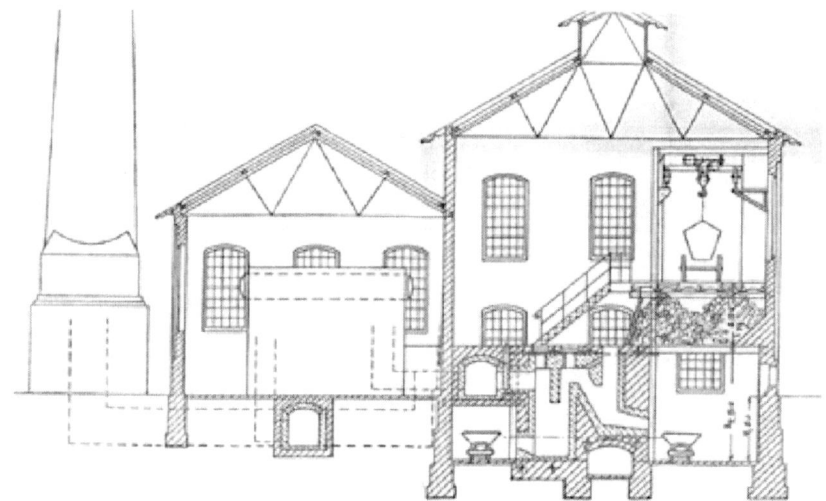

Abbildung 16: Projektzeichnung einer Müllverbrennungsanlage
nach dem System Dörr, aus: Koepper: Müllverbrennung, S. 122.

Ein Vergleich aller deutschen Ofensysteme ergibt, dass das System Dörr dem Herbertzofen bei Wirkungsgrad und Kosten klar überlegen war. Dennoch erwies sich der in Ham-

---

302 Köpper wertet dies 1906 in seiner Lobschrift auf Dörr folgendermaßen: „Es wird das Verdienst
des Herrn Dr. Dörr bleiben, dass er mit einem Male die sämtlichen Schwierigkeiten, die sich
den bisherigen Konstrukteuren von Müllverbrennungsöfen entgegenstellten, dadurch beseitigte, dass er die empfindlichste Stelle des Ofens, den Rost, ein für allemal beseitigte." Koepper:
Müllverbrennung, S. 84.
303 Nach Koepper: Müllverbrennung, S. 87. Ähnliche Angaben finden sich auch in anderen zeitgenössischen Arbeiten.
304 Viele andere Systeme erreichten die 1000°C-Marke als Minimum nicht.

burg am Alten Teichweg gebaute Ofen nach Casparsohn als deutlich leistungsfähiger als alle anderen Öfen.

Es ist folglich ersichtlich, dass in Deutschland auf dem Gebiet der Müllverbrennungs-öfen zwischen 1900 und 1915 enorme technische Entwicklungen stattgefunden hatten. Trotzdem konnte sich die Verbrennung nicht wie in ihrem Herkunftsland England flächen-deckend etablieren. So entstanden bis zum Ersten Weltkrieg in Deutschland – ohne die errichteten Versuchsanlagen – lediglich zehn Anlagen. Danach erfolgte nicht etwa eine zweite Phase wie in England, in welcher die Errichtung von Müllverbrennungsanlagen „boomte", sondern es entstanden lediglich noch drei weitere Anlagen.[305] Anfang der 1950er Jahre arbeiteten von allen Anlagen nur noch die zuletzt in Hamburg errichtete und die Altonaer Anlage. Die Berliner Müllverbrennungsanstalt lief sogar nur 279 Tage, und nach drei Jahren wurde der Betrieb 1924 eingestellt.[306] Somit kann die Müllverbrennung in Deutschland als gescheiterte Innovation bezeichnet werden. Die Gründe des Scheiterns waren vielschichtig:

- Müllzusammensetzung in vielen Regionen nicht zur Verbrennung geeignet.
- Lange Zeitspanne zwischen Idee und Inbetriebnahme (in Aachen fast 10 Jahre).
- Der Erste Weltkrieg als Zäsur: Viele Gemeinden hatten nicht mehr die finanziellen Mit-tel für die Errichtung einer Anlage, gut ausgebildete Fachkräfte, wie Heizer, waren infolge des Krieges verloren gegangen, die Mangelsituation des Krieges schaffte ein erneutes Bewusstsein für die Verwertung und gegen die Vernichtung des Mülls.
- Hygienische Bedenken wurden immer mehr zurückgenommen, so dass der Müll in Konkurrenz zu anderen Brennmaterialien stand.

Der letzte Punkt bleibt diskutabel, dennoch ist in der zeitgenössischen Diskussion ohne Zweifel ein Wandel in der Beurteilung des Mülls zu beobachten. Waren hygienische Beden-ken im ausgehenden 19. Jahrhundert noch maßgeblich für die Entscheidung der Gemein-den zugunsten der Errichtung einer Müllverbrennungsanstalt, stand, infolge des tech-nischen Fortschritts und der mit der Verbrennung verbundenen Energieerzeugung, der Brennwert und die Wärmeeinheiten des Mülls zunehmend im Fokus. So äußerte Wolff 1912 auf dem ersten Kongress für Städtewesen folgenden Schlüsselsatz, der den Wandel eindrucksvoll beschreibt: „Müll ist Brennstoff"[307] und klassifizierte den Müll aus steinkoh-lenbefeuerten Haushalten als einem dem Torf und der Rohbraunkohle überlegenen Brenn-stoff.[308]

305 1921 in Berlin, 1928 in Köln und 1931 in Hamburg. Vgl. Windmüller, Kehrseite, S. 126.
306 Windmüller: Kehrseite, S. 126.
307 Wolff: Entwicklung, S. 59.
308 Ebd.; Dieser Wandel lässt sich auch in den Beiträgen der Fachzeitschriften beobachten.

Die Müllverbrennung im Urteil des Metabolismuskonzeptes

Aus Sicht des Metabolismuskonzepts kann die Verbrennung nicht als Lösung des Output-problems angesehen werden. Der Grund hierfür liegt in der Tatsache, dass bei der Verbren-nung nur wenig Input erzeugt wird. So dienten die ersten Verbrennungsanlagen lediglich der Output-Vernichtung und nicht der Erzeugung von Input. Zudem benötigten in der Versuchsphase und bisweilen auch darüber hinaus viele Anlagen zusätzliche, meist fossile Brennstoffe, welche naturgemäß den Output erhöhen. Die späteren Anlagen lieferten zwar Energie und verringerten so den Import fossiler Energieträger, ihr Anteil muss jedoch als verschwindend gering bezeichnet werden, vor allem in Relation zu dem enormen Anstieg der Bevölkerung und dem damit steigenden Konsum. Hauptproblem bei der thermischen Lösung des Müllproblems ist jedoch zweifellos die Verbrennung an sich. Sie erzeugt, wie auch die Verbrennung fossiler Rohstoffe zur Energiegewinnung, Luftschadstoffe, wie bei-spielsweise CO_2. Anders als bei der landwirtschaftlichen Verwertung des Hausmülls wird der transformierte Mülloutput so zu einem globalen Faktor. Der Output belastet nicht mehr nur die eine Stadt umgebende regionale Natur, sondern die ganze Welt. Der Wind trägt die Abfallstoffe einer urbanen Region oder einer industrialisierten Gesellschaft nun in alle Himmelsrichtungen. Regionen, die noch nicht vom Menschen überformt wurden, wo noch nie ein Mensch gewesen ist, die in vorindustrieller Zeit noch zu Recht als „Natur" bezeichnet werden konnten, werden so denaturalisiert, vom Menschen überformt. Darüber hinaus wurde der Müll in den Verbrennungsanlagen auch nicht gänzlich vernichtet, son-dern lediglich reduziert. Obgleich die Nebenprodukte auf der Inputseite einer Gesellschaft verbucht werden können wie beispielsweise Schlackenziegel, benötigte die Transformation der Nebenprodukte erneut Energie, sie können nicht in der Form, wie sie aus dem Öfen geholt werden, genutzt werden. Somit lässt sich zusammenfassend festhalten, dass die Ver-brennung das Müllproblem lediglich aus den Augen der Menschen schaffte, aber sehr viel größere Folgen für das Mensch-Natur-Verhältnis hatte, als zeitgenössisch noch angenom-men.

War das Jahr 1905 wirklich ein Wendepunkt im Umgang mit dem Hausmüllproblem?

„Für die allgemeine Beurteilung der verschiedenen Beseitigungsverfahren wurde das Jahr 1905 ein wichtiges Datum, da es die Wende in der Diskussion um die Entsorgungssysteme einleitete."[309] Lindemann bezieht sich hierbei auf eine Tagung des Vereins für öffentliche Gesundheitspflege, auf welcher der dritte Tagesordnungspunkt „Müllbeseitigung und Müllverwertung" diskutiert wurde. Auf dieser Sitzung formulierte Hans Thiesing vier Leitsätze[310], aus welchen Lindemann schließt, dass das Gefahrenpotenzial, welches vom Hausmüll ausging, relativiert wurde und somit alle Lösungen gleichwertig nebeneinander standen. Die „Mülldeponie als akzeptable Lösungsmöglichkeit"[311] wurde also auch in die Diskussion mit einbezogen. Diese Reduzierung der hygienischen Bedenken des vom Hausmüll ausgehenden Gefahrenpotenzials dient Lindemann als Grundlage für ihre These, dass sich in der Folgezeit die Deponierung, da „hygienische Bedenken keinen Einfluß mehr auf die Entscheidungen nahmen"[312], als wirtschaftlich unschlagbare Lösung durchsetzte.[313] Eine genauere Betrachtung des Tagungsberichts der 30. Versammlung des Vereins für öffentliche Gesundheitspflege[314] lässt jedoch an einigen Stellen durchaus Zweifel an dieser Herleitung aufkommen. So äußerten sich nämlich 1905 weder der Referent, noch die Anwesenden derart, dass „hygienische Bedenken keinen Einfluß mehr auf die Entscheidungen nahmen"[315], im Gegenteil – so heißt es in Thiesings erstem Leitsatz: „Bei der Beseitigung des Hausmülls müssen in erster Linie die Forderungen der Gesundheitspflege erfüllt werden."[316] Hygienische Forderungen nahmen folglich wie auf einer Sitzung des Vereins für öffentliche Gesundheitspflege aus dem Jahr 1884[317], auf welcher zum ersten Mal die Müllfrage diskutiert wurde, eine zentrale Position ein. Dennoch waren hygienische Aspekte

---

309 Lindemann: Verbrennung, S. 101 f.
310 Ohne Autor: Müllbeseitigung und Müllverwertung, S. 147.
311 Lindemann: Verbrennung, S. 101.
312 Ebd.
313 Das sich die Deponierung durchsetzte, belegt Lindemann [mit Verweis auf Silberschmidt, W.: Müll (mit Hauskehricht), in: Weyls Handbuch der Hygiene, II. Bd., 4. Abt., 2. Aufl., Leipzig 1918, S. 575-714.] anhand einer Umfrage der Zentralstelle des Deutschen Städtetages aus dem Jahre 1910, nach der die Deponierung die am weitesten verbreitete Art der Müllentsorgung war. Vgl. Lindemann: Verbrennung, Fußnote 65, S. 107.
314 Ohne Autor: Müllbeseitigung und Müllverwertung, S. 147-256.
315 Lindemann: Verbrennung, S. 101.
316 Ohne Autor: Müllbeseitigung und Müllverwertung, S. 147.
317 Versammlung in Magdeburg, auf welcher Franz Andreas Meyer und J. Reincke zwei Leitsätze formulierten, welche von allen Mitgliedern einstimmig angenommen wurden. Ebd., S. 161 f.

nicht mehr, wie beispielsweise noch 1884, allein entscheidend für die Beurteilung eines Systems. Hinzu kamen „ästhetische und wirtschaftliche Momente"[318]. Wurden Stapelplätze (Deponien) 1884 noch als „unstatthaft"[319] bezeichnet, sprach sich Thiesing für eine Gleichberechtigung aller Systeme unter der Einhaltung gewisser Regularien, wie bei Stapelplätzen der Reinhaltung von Boden, Grundwasser und Luft, aus. Diese Aufwertung begründete Thiesing durch die Tatsache, dass es keine Beweise dafür gäbe, dass der Hausmüll so gesundheitsgefährdend sei, wie es immer behauptet wurde. „Meines Wissens wenigstens ist es noch nie gelungen, eine Infektion mit Sicherheit auf Hausmüll zurückzuführen."[320] Hierbei bezweifelt Thiesing nicht, dass virulente Keime im Hausmüll vorhanden sind, sondern lediglich, dass diese im Müll lange Zeit virulent bleiben, da hierfür ein Beweis bis dato noch fehlte.[321] Dennoch konstatierte der Referent, dass Hausmüll niemals eine „absolut harmlose Masse"[322] sei und eine derartige Behauptung „ein ebenso unberechtigtes Extrem nach der anderen Seite"[323] wäre. Von einer hygienischen Unbedenklichkeit kann folglich nicht die Rede sein, denn Thiesing hielt Stapelplätze lediglich dann für praktikabel, wenn sie folgenden hygienischen Anforderungen entsprächen[324]:

- Ausreichende Entfernung von städtischer Bebauung.
- Keine Stapelplätze dort, wo in absehbarer Zeit Bebauung stattfinden wird.
- Verunreinigungen von Boden, Wasser und Luft müssen ausgeschlossen sein.
- Ständige Aufsicht durch Beamte
- Strenges Verbot bzgl. manueller Aussortierung, bspw. durch „Naturforscher".

Diesen Anforderungen dürften bis 1905, aber auch in späterer Zeit bis zum Ersten Weltkrieg, nur die wenigsten Stapelplätze entsprochen haben. Thiesing gehörte nicht zu den Befürwortern von Stapelplätzen, sondern sprach sich vor allem für die Verbrennung aus. Dennoch sah er diese Methode nicht als Universallösung an, da das für eine Gemeinde

---

318 Ebd., S. 147.
319 Ebd., S. 161.
320 Ebd., S. 149.
321 Die Schließung eines Kölner Abladeplatzes 1902, welcher für den Ausbruch von Typhuserkrankungen verantwortlich gemacht wurde, weißt Thiesing als Gegenargument aufgrund der nicht bewiesenen Kausalität als unzureichend zurück. Vgl. Ohne Autor: Müllbeseitigung und Müllverwertung, S. 149. Ausgeklammert sind hierbei Krankenhausabfälle, welche Thiesing sehr wohl als stark gesundheitsgefährdend einstuft, daher begrüßt er, dass diese besonderen Abfälle bereits meist am Entstehungsort durch Verbrennung vernichtet werden.
322 Ohne Autor: Müllbeseitigung und Müllverwertung, S. 151.
323 Ebd., S. 151.
324 Ebd., S. 152. Dass Thiesing von Keimen im Müll ausgeht wird auch dadurch ersichtlich, dass er der ersten Phase der Müllbeseitigung, nämlich der schnellen Entfernung aus den Haushalten, die höchste Bedeutung zuspricht. Vgl. Ebd. S. 151 f.

richtige System immer auch von den örtlichen Gegebenheiten abhing.[325] Thiesing zog eine Verwertung des Hausmülls, zu welcher er auch die Verbrennung zählte, einer Ablagerung absolut vor, wie seine Schlussbemerkung zeigt: „Wir können den weiteren Ausbau der Müllbeseitigung am meisten dadurch fördern, daß wir den Verwertungsgedanken in jeder zulässigen Form unterstützen, damit das Wort zur Wahrheit werde: Müll ist kein wertloser Abfall, sondern Materie am falschen Ort."[326]

Es lässt sich also zusammenfassen, dass Thiesing die vom Hausmüll ausgehende Gefahr für die Gesundheit des Menschen geringer als bis dahin angenommen einstufte, da ein Beweis für die Gefährlichkeit nicht existierte. Deshalb stellte er alle Entsorgungslösungen gleichbedeutend nebeneinander, was jedoch absolut nicht bedeutete, dass hygienische Forderungen gegenüber ästhetischen und wirtschaftlichen Faktoren geringer behandelt werden sollten. Ein praktikables System musste vielmehr alle drei Aspekte zufriedenstellend erfüllen. Insofern fand durchaus eine Veränderung im Umgang mit den städtischen Abfallstoffen statt. Die Deponierung wurde allerdings nicht als Lösung angepriesen, sondern im Fokus stand die Verwertung des Hausmülls, wobei die Systeme mit den jeweiligen örtlichen Gegebenheiten kompatibel sein mussten. Ließen die örtlichen Gegebenheiten eine Verwertung nicht zu, konnte die Stapelung des Mülls unter der Einhaltung bestimmter hygienischer Voraussetzungen durchaus in Betracht gezogen werden.

Bereits in der an den Vortrag anschließenden Diskussion wurde mehrfach Kritik an Thiesings Leitsätzen geübt. So wurde seine Infragestellung der Gesundheitsgefährdung durch Hausmüll im Vergleich zu den Leitsätzen von 1894 als Rückschritt gewertet.[327] Vor allem seitens des Züricher Professors Erismann, Vorstand des Gesundheitswesens der Stadt Zürich, wurde starke Kritik an den Ausführungen Thiesings geübt. Er äußerte, dass ein Beweis für die Gefährdung, welche von Stapelplätzen ausgehe, gar nicht geführt werden müsse, da die Ablagerung des Mülls in keiner Weise den hygienischen Anforderungen gerecht werden könne und vergleicht dies mit der Entwicklung der Kanalisation, welche zu einer Zeit einsetzte, in der auch noch nicht wissenschaftlich bewiesen war, welcher Zusammenhang zwischen Bodenverhältnissen und Infektionskrankheiten bestand. Weiter stellte er heraus, dass die Aufstapelung des Kehrichts in sehr seltenen Fällen den Forderungen der Gesundheitspflege entspräche und nicht nur wirtschaftliche Argumente bei der Beseitigung des Hausmülls eine Rolle spielen sollten.[328]

Wichtig erscheint nun die Frage, welche Wirkung die Versammlung von 1905 auf die weitere Entwicklung ausübte. Anders als 1894 wurde nicht über Thiesings Leitsätze abgestimmt, auch wurden sie nicht an die einzelnen Gemeinden, mit der Bitte um Beachtung derselben, geschickt. Zudem lag der Fokus der Versammlung nach wie vor auf der Verwertung der Abfallstoffe und nicht, wie nach den Ausführungen Lindemanns anzunehmen

---

325 Ebd., S. 159, sowie Leitsatz 4, S. 147.
326 Ebd., S. 161.
327 So z. B. von Caspersohn: Ebd., S. 165.
328 Ebd., S. 170 f.

wäre, auf der Deponierung. Eine Abwertung des Gefahrenpotenzials des Hausmülls lässt sich in der Folgezeit nicht beobachten.[329] Die Entwicklung des Charlottenburger Separationsverfahrens und der Bau von Müllverbrennungsanlagen bis 1915 stehen der These von der zunehmenden Ablagerung des Hausmülls ebenfalls entgegen. Das Jahr 1905 ist nur insofern ein Wendepunkt in der Diskussion, als dass erstmals die Gefahr des Hausmülls für die Gesundheit des Menschen kritisch hinterfragt wurde. Verantwortlich für die Tatsache, dass 1910 die meisten Städte ihren Müll deponierten, ist jedoch vielmehr das Scheitern aller Verwertungslösungen und die häufig von kleineren Gemeinden finanziell nicht lösbare Aufgabe der Errichtung von Verwertungsanlagen. Außerdem übten die örtlichen Gegebenheiten einen maßgeblichen Einfluss aus, denn was nützt eine Müllverbrennungsanlage, wenn der Müll nicht brennt oder kein Abnehmer für die erzeugte Wärme oder Elektrizität vorhanden ist?

Lindemanns Bezug auf Thiesings Leitsätze scheint sehr vereinfacht, da sie zum einen deren Wirkungsmacht überschätzt und zum anderen seine Ausführungen auf die für sie verwendbaren Aspekte beschränkt. So ist aus ihren Ausführungen nicht ersichtlich, dass Thiesing seine Priorität ganz klar auf die Verwertung legte. Hätten die Verwertungssysteme funktioniert, so dass die Städte und Gemeinden einen Gewinn hätten erzielen können, hätte sich die Deponierung, welche durchaus von Thiesing rehabilitiert wurde, nicht in einem so bedeutenden Maße bis zum Ersten Weltkrieg durchsetzen können. Das Jahr 1905 war somit unzweifelhaft ein Wendepunkt, dessen Wirkungskraft jedoch bisher überschätzt wurde.

---

329 Bis 1915 wurde in den Veröffentlichungen durchweg vom Müll als Gefährdung für die menschliche Gesundheit gesprochen.

Fazit

Abschließend lässt sich festhalten, dass das durch die Urbanisierung ausgelöste Müllproblem im 19. Jahrhundert neben der früher einsetzenden Kanalisierung die zweite Phase der Städteassanierung darstellt. Es entwickelten sich die verschiedensten Lösungsstrategien zur Bewältigung des Problems. Vor allem in den 1880er und 1890er Jahren waren die Forderungen der Hygienebewegung für die Entwicklung der Entsorgungsstrategien entscheidend. Der Müll sollte aufgrund seines gesundheitsgefährdenden Potenzials und der damit verbundenen Angst vor Epidemien in einem ersten Schritt möglichst schnell aus den Haushalten entfernt werden. Dies führte zu einer enormen Entwicklung im Bereich des Abfuhrwesens, so dass der Müll bisweilen täglich aus den städtischen Zentren entfernt wurde. Durch das zunehmend einsetzende Verbot von Müllgruben[330] waren die Hausbewohner gezwungen, den Müll in Gefäßen zu sammeln. Konnten die Gefäße in der Anfangszeit noch von höchst unterschiedlicher Größe und Form sein, wurden sie zunehmend normiert und den jeweiligen Abfuhrsystemen angeglichen. Sammlung und Abfuhr wurden immer mehr den Forderungen der öffentlichen Hygiene angepasst und aufeinander abgestimmt. Obgleich sie den hygienischen und ästhetischen Maßstäben genügen mussten, waren Sammlung und Abfuhr nur praktikabel, wenn sie wirtschaftlich betrieben werden konnten. Das Wechseltonnensystem war dem Umleersystem zwar vom hygienischen Standpunkt vorzuziehen, verursachte aber zu hohe Kosten, so dass sich das Umleersystem in Verbindung mit einer staubfreien Abfuhr in den meisten deutschen Städten durchsetzte. Die Entwicklung von einem hölzernen Bretterwagen hin zu einem technisch stark verbesserten geschlossenen und mit Blechen verkleideten Abfuhrwagen erfolgte binnen weniger Jahre. Jedoch war die Entwicklung des Abfuhrwesens von einer Vielzahl verschiedener Systeme geprägt. Nahezu in jeder Stadt fand ein anderes Firmenkonzept seine Anwendung, obwohl sich die verschiedenen Systeme meist nur in Nuancen unterschieden. Häufig wurden die Abfuhrwagen in ihrer Konstruktion den ortsüblichen Verwertungsmethoden angeglichen, so dass von den Sammelbehältern über die Abfuhr bis hin zur Verwertung ein stark aufeinander abgestimmtes Lösungskonzept entstand. Um dies zu erreichen, mussten neue gesetzliche Grundlagen und Polizeiverordnungen formuliert werden. Auch die Übernahme der Abfuhr in städtischer Eigenregie wirkte sich fördernd auf die Umsetzung neuer Beseitigungsstrategien aus. Die Verwertung oder Vernichtung der häuslichen Abfallstoffe bildete, neben der Sammlung und Abfuhr, die zweite Phase der Hausmüllentsorgung zum Ende des 19. Jahrhunderts. Sie stellte die Städte vor weitaus größere Schwierigkeiten.

Die Anfangsphase war hierbei durch eine starke Orientierung an der bereits bekannten und in vorindustrieller Zeit praktizierten landwirtschaftlichen Verwertung des Hausmülls

---

330 Eine Ausnahme ist hier lediglich für Würzburg nachweisbar. Dort wurde der Müll noch bis weit ins 20. Jahrhundert in Müllgruben gesammelt und abgefahren.

gekennzeichnet. Die Trennung von häuslichen und menschlichen Abfallstoffen sowie die Zunahme von Konservendosen, Flaschen usw. im Hausmüll ließen das Interesse der Landwirte jedoch immer mehr zurückgehen. Nicht nur die veränderte Qualität und Quantität[331], sondern auch die hohen Transportkosten sowie die Konkurrenz durch Kunstdünger waren entscheidend dafür, dass die landwirtschaftliche Verwertung zunehmend nicht mehr praktikabel war. Den verringerten Dungwert konnte auch eine vorgeschaltete Aussortierung der für die landwirtschaftliche Nutzung unbrauchbaren Stoffe nicht ausgleichen. Andere Modifizierungen wie das Beimischen von Kalk oder Knochenmehl waren ebenfalls zum Scheitern verurteilt. Lediglich zu Meliorationszwecken konnten die Hausabfälle verwendet werden. So war es bis 1890 gängige Praxis, den Müll auf Abladeplätzen aufzustapeln. Dies war nicht nur aus hygienischen Gründen verwerflich, sondern stellte, da sich diese Plätze meist in der Nähe der Städte befanden, für die sich ausdehnenden urbanen Zentren ein Problem dar, waren diese Plätze aufgrund ihrer Bodenbelastung und Geruchsentwicklung doch für Jahrzehnte ein Expansionshindernis. Nachdem die landwirtschaftliche Verwertung gescheitert und die Aufstapelung des Mülls keine Lösung war, entstanden in einer zweiten Phase ab der Mitte der 1890er Jahre neue Konzepte zur Lösung des Entsorgungsproblems. Die Verbrennung, welche per Technologietransfer aus England kam und als hygienische optimale Lösung proklamiert wurde, konkurrierte mit der Rohstoffrückgewinnung durch Sortierung. In beiden Bereichen fand eine enorme technische Weiterentwicklung statt. Die englische Verbrennungstechnologie musste den deutschen Verhältnissen angepasst werden, da die Müllqualität in Deutschland eine andere war. Die englische Technik wurde zunächst enthusiastisch aufgenommen, adaptiert und in einem letzten Schritt durch deutsche Ingenieure verbessert, so dass eigene Systeme entstanden. Größtes Problem war, dass in vielen deutschen Regionen mit Braunkohlen geheizt wurde und sich der mit Braunkohlenasche versetzte Hausmüll nur schlecht für eine Verbrennung eignete. Dieser Missstand zog weitere technische Entwicklungen wie die Müllschmelze oder Müllvergasung nach sich, welche jedoch gänzlich unwirtschaftlich waren und scheiterten.

Der Sortierung in industriellen Großanlagen lag die Idee zugrunde, noch verwendbare Stoffe in den Produktionskreislauf zurückzuführen, statt sie einfach zu vernichten – getreu Thiesings Aussage: „Müll ist kein wertloser Abfall, sondern Materie am falschen Ort."[332] Als Symbol für die technische Entwicklung im Bereich der Sortierung kann das Fließband gelten. Doch sowohl die Verbrennung, als auch die Separation müssen zum Ende des 19. Jahrhunderts in Deutschland als gescheiterte Innovationen betrachtet werden. Dies hatte vor allem finanzielle Gründe. Die Sortierung scheiterte, da die aussortierten Stoffe nur mäßigen Absatz in der Industrie fanden, sich folglich mit ihnen kein Geld verdienen ließ. Die Landwirtschaft nahm die bereits von Sperrstoffen befreiten Dungstoffe nicht mehr ab, da diese entweder durch Kunstdünger oder durch den in der Viehzucht anfallen-

---

331 Bedingt durch das enorme Städtewachstum und ein verändertes Konsumverhalten.
332 Ohne Autor: Müllbeseitigung und Müllverwertung, S. 161.

den Mist ersetzt wurden. Außerdem benötigte die Landwirtschaft Dungstoffe nicht das ganze Jahr über. Profitiert haben von der Sortierung am Ende lediglich die Betreiber der Sortieranstalten, da sie von den Städten für die Abnahme der Abfälle gut bezahlt wurden. Für die Städte hingegen war die Sortierung – ob Dreiteilung oder großindustriell – ein Minusgeschäft, zudem musste für die unbrauchbaren Stoffe auch noch eine Lösung gefunden werden, so dass die Betreiber der Puchheimer Anlage 1910 eine Verbrennungsanlage bauten. Doch auch die Müllverbrennung konnte sich in Deutschland nicht flächendeckend durchsetzen, da besonders die Errichtung einer solchen Anlage hohe Kosten verursachte. Aus diesem Grund dauerte es häufig auch mehrere Jahre, bis sich die Städte entschlossen, eine Verbrennungsanstalt zu errichten. Darüber hinaus warfen die Anlagen nur einen geringen Gewinn ab. Die Nebenprodukte fanden nur mäßigen Absatz, und die aus den Anstalten gewonnene Energie deckte meist nur den eigenen Bedarf. Die Anlagen warfen – wenn überhaupt – nur einen geringen Gewinn ab, welcher die hohen Baukosten erst nach Jahren wieder deckte. Ihr größter Vorteil gegenüber den anderen Lösungsansätzen war die hygienisch einwandfreie Vernichtung des Hausmülls. Dieser Vorteil hatte auch dazu geführt, dass sich die Experten (Hygieniker, Ingenieure, städtische Beamte) in Hamburg schnell für die Errichtung einer Müllverbrennungsanlage ausgesprochen hatten. Nachdem die hygienischen Bedenken gegenüber dem Hausmüll zu Beginn des 19. Jahrhunderts zunehmend von Fachleuten in Frage gestellt wurden, verlor aber auch dieser Vorteil immer mehr an Bedeutung. Es lässt sich also festhalten: Die Hygienebewegung hatte in den 1880er und 1890er Jahren einen starken Einfluss auf die Durchsetzung oder das Scheitern einer bestimmten Lösung. Da sie stets die Müllverbrennung als beste Lösung proklamierte, fanden in diesem Bereich enorme Weiterentwicklungen statt. Am Ende war die Verbrennung erfolgreicher als die Sortierung.

Der Erste Weltkrieg stellt in der Entwicklung von Lösungskonzepten eine klare Zäsur dar. Zwar erlebte die Rohstoffrückgewinnung in den Krisenzeiten des Krieges nochmals einen kurzen Aufschwung, doch beide großen Entwicklungen – Verbrennung und Verwertung – rissen mit dem Ersten Weltkrieg ab. Die Kommunen hatten nicht mehr die finanziellen Mittel für große Anlagen, so dass die bestehenden Anstalten zwar weiterbetrieben wurden, aber keine neuen mehr entstanden.[333] Damit war auch die technische Weiterentwicklung an ihr Ende gekommen, und die Aufstapelung des Mülls außerhalb der Städte wurde, weil sie die kostengünstigste Form der Entsorgung darstellte, für die folgenden Jahrzehnte zur gängigen Praxis. Weder modifizierte noch neuentwickelte Systeme vermochten sich durchzusetzen. Meist war ihr Betrieb unwirtschaftlich, und die regional höchst unterschiedliche Zusammensetzung des deutschen Hausmülls wirkte sich auf die Herausbildung eines universellen Lösungssystems wie in England negativ aus. Obwohl keine exemplarische mit Daten belegbare Region untersucht wurde, sondern die Entwicklung von Lösungsstra-

---

333 Die in der Zwischenkriegszeit noch gebauten drei Verbrennungsanlagen können als marginal betrachtet werden.

tegien in ganz Deutschland, konnte das Metabolismuskonzept als methodische Grundlage für die vorliegende Arbeit genutzt werden. Es konnte eine Einordnung der einzelnen Schritte und Systeme in diesen Ansatz erfolgen mit dem Ergebnis, dass die Hausmüllentsorgung einen wichtigen Bestandteil der „living systems" bildet. Auch die Unterscheidung in einen basalen und einen erweiterten Metabolismus erwies sich, da sie die Unterschiede zwischen den Gesellschaftsformen abbildet, als fruchtbringend. Dass Städte immer auch Einfluss auf ihre Umgebung ausüben und das Potenzial des städtischen Umlands häufig über die Entwicklung einer Stadt bestimmt, ist deutlich geworden. Es handelt sich um eine wechselseitige Abhängigkeit, wobei die Natur der Region genauso überformt ist wie die der Stadt. Kann das Umland städtische Abfallstoffe aus verschiedenen Gründen[334] nicht aufnehmen, müssen neue Strategien entwickelt werden. Dies waren im Themenfeld dieser Arbeit häufig Müllverbrennungsanlagen, doch die Verbrennung löst die Umweltprobleme von Stapelplätzen und Sortieranlagen nicht, wie damals angenommen, in Luft auf, sie verschieben sie lediglich auf eine andere Ebene. Umweltfolgen sind durch eine solche Praxis nicht mehr regional und können nicht mehr auf ihren Entstehungsort zurückgeführt werden, sondern sie erreichen vielmehr ein globales Ausmaß. Alle modifizierten und neu entwickelten Lösungsstrategien für das Hausmüllproblem, Hauptbestandteil des Outputs einer Gesellschaft, müssen als gescheitert angesehen werden. Aufgrund höchst unterschiedlicher lokaler Gegebenheiten konnte sich in Deutschland trotz bisweilen enormer Investitionen keine Universallösung etablieren.

---

334 In Hamburg weigerten sich die Landwirte im Zuge der Choleraepidemie den Großstadtmüll abzunehmen, in Zürich ließen geografische Besonderheiten die Anlage von Abladeplätzen nicht zu.

Literaturverzeichnis

A(nklam), G.: Die Vernichtung und Verwertung städtischer Abfallstoffe in England, in: Gesundheits-Ingenieur 15 (1892), S 75-80.

Blasius, R.; Büsing, F. W.: Die Städtereinigung, in: Weyl, Theodor: Handbuch der Hygiene, Zweiter Band, Erste Abteilung, Jena 1894, S. 1-474.

Bohm, Julius; Grohn, Hermann: Über die Müllverbrennung in England und die in Berlin anzustellenden Versuche. Reisebericht, Berlin 1894.

Bohm, Julius; Grohn, Hermann: Die Müllverbrennungsversuche in Berlin, Berlin 1897.

Bote, L.: Die städtische Verbrennungsanstalt zur Beseitigung des Hausmülls in Kiel, Kiel 1907.

Boyden, Stephan Vickers: The Ecology of a City and Its People: the Case of Hong Kong. Canberra 1981.

Breer, Ralf; Mlodoch, Stephan; Willms, Hanskarl: Asche, Kehricht, Saubermänner – Stadtentwicklung, Stadthygiene und Städtereinigung in Deutschland bis 1945, Iserlohn 2010.

Castells, Manuel: The City and the Grassroots: A Cross-Cultural Theory of Urban Social Movements, London 1993.

Cronon, William: Nature's Metropolis. Chicago and the Great West, New York (u. a.) 1991.

Degener, Hermann: Wer ist's? Unsere Zeitgenossen, 10. Ausgabe, Berlin 1935, S. 345.

Dörr, Clemens: Hausmüll und Straßenkehricht, Leipzig 1912.

Emmerich, Rudolf; Wolter, Friedrich: Die Entstehungsursachen der Gelsenkirchener Typhusepidemie von 1901, München 1906.

Eulner, Hans-Heinz: Hygiene als akademisches Fach, in: Artelt, Walter [Hrsg.]: Städte-, Wohnungs-, und Kleidungshygiene des 19. Jahrhunderts in Deutschland, Stuttgart 1969, S. 17-31.

Evans, Richard J.: Tod in Hamburg. Stadt, Gesellschaft und Politik in den Cholera-Jahren 1830–1910, München 1991.

Flick, Hermann: 150 Jahre Konservendose. Ein geschichtlicher Rückblick über das Werden und Wachsen der Konservennahrung, in: Die industrielle Obst- und Gemüseverwertung 45 (1960), S. 87-100.

Fischer-Kowalski (u. a.): Gesellschaftlicher Stoffwechsel und Kolonisierung von Natur. Ein Versuch in sozialer Ökologie, Amsterdam 1997.

Fodor, Etienne de: Elektrizität aus Kehricht, Budapest 1911.

Gudermann, Rita: Artikel: Miasmen, in: Enzyklopädie der Neuzeit, Bd. 8, Stuttgart 2008, Sp. 474-481.

Haase, Friedrich Hermann: Feuerung und Feuerungsanlagen, Berlin 1915.

Hardy, Anne Irmgard: Der Arzt, die Ingenieure und die Städteassanierung. Georg Varren-
    trapps Visionen zur Kanalisation, Trinkwasserversorgung und Bauhygiene in deutschen
    Städten (1860–1880), in: Technikgeschichte 72 (2005), S. 91-120.
Hauff, Volker (Hg.): Unsere gemeinsame Zukunft [der Brundtland-Bericht der Weltkom-
    mission für Umwelt und Entwicklung], Greven 1987.
Heiden, Eduard; Alexander Müller: Die Verwertung der städtischen Fäcalien, Hannover
    1885.
Hipp, Hermann: Artikel: Meyer, Franz Andreas, in: NDB, Bd. 17, Berlin 1994,
    S. 308-309.
Hoffmann, Max: Latrine, Müll und Wasen, 4. Aufl., Berlin 1913 (= Flugschriften der
    Deutschen Landwirtschafts-Gesellschaft, Heft 6).
Hösel, Gottfried: Unser Abfall aller Zeiten. Eine Kulturgeschichte der Städtereinigung,
    München 1987.
Honecker, Martin: Artikel: Kapff, in: NDB, Bd. 11, Berlin 1977, S. 131.
Hüntelmann, Axel C.: Hygiene im Namen des Staates. Das Reichsgesundheitsamt 1876–
    1933, Göttingen 2008.
Jasner, Carsten: Frühe Alternative: Das Charlottenburger Dreiteilungsmodell, in: Köste-
    ring, Susanne: Müll von gestern?, Münster 2003, S. 115-120.
Junker, Thomas: Die Evolution des Menschen, München 2006, S. 107-111.
Kapff, Sigmund: Die Beseitigung des städtischen Mülls, Aachen 1905.
Kleinschmidt, Christian: Technik und Wirtschaft im 19. und 20. Jahrhundert, München
    2007.
Koepper, Gustav: Die Entwicklung der Müllverbrennung und der Dörr'sche Öfen zur Ver-
    brennung von Hausmüll und Straßenkehricht, Dresden 1906.
Köstering, Susanne; Rüb, Renate: Müll von gestern? Eine umweltgeschichtliche Erkundung
    in Berlin und Brandenburg, Münster (u. a.) 2003 (= Cottbuser Studien zur Geschichte
    von Technik, Arbeit und Umwelt 20).
Köstering, Susanne: „Der Müll muss doch raus aus Berlin!" Standortbestimmung und
    Umweltverträglichkeit von Müllabladeplätzen, in: Dies.: Müll von gestern? Münster
    2003, S. 39-48.
Koschmieder, Hermann: Die Müllbeseitigung, Hannover 1907 (= Bibliothek der gesamten
    Technik 73).
Krücken, Oskar von; Parlagi, Imre: Das geistige Ungarn. Biographisches Lexikon, Erster
    Band, Budapest 1918.
Kuchenbuch, Ludolf: Abfall, eine stichwortgeschichtliche Erkudung, in: Calließ, Jörg
    (u. a.): Mensch und Umwelt in der Geschichte, Pfaffenweiler 1989, S. 257-276.
Kümmel, Werner Friedrich: Artikel: Robert Koch, in: NDB, Bd. 12, Berlin 1980,
    S. 251-255.
Lindemann, Carmelita: Die Anfänge der Müllverbrennung, in: Wechselwirkung 54 (1992)
    S. 18-21.

Lindmann, Carmelita: Verbrennung oder Verwertung: Müll als Problem um die Wende vom 19. zum 20. Jahrhundert, in: Technikgeschichte 59 (1992), S. 91-107.

Lueger, Otto: Lexikon der gesamten Technik und ihrer Hilfswissenschaften, Siebenter Band, Stuttgart 1904.

Matthes, ohne Angabe: Zusammenfassung des Artikels von Adam, C.: Müllverbrennung oder landwirtschaftliche Verwertung (Technisches Gemeindeblatt, VI. Jahrgang, Nr. 1, 1903), in: Gesundheitsingenieur 26 (1903), S. 248.

Maxwell, William Henry: The removal and disposal of town refuse, London 1898.

Mayer, Johann Eugen: Müllbeseitigung und Müllverwertung, Leipzig 1915.

Meadows, Donella Hager: The limits to growth. A report for the Club of Rome's project on the predicament of mankind, New York 1972.

Melosi, Martin Victor: The Place of the City in Environmental History, in: Environmental History Review 17 (1993, Spring), S. 1-23.

Melosi, Martin V.: Garbage in the cities. Refuse, reform, and the environment, Pittsburgh 2005.

Meyer, Franz Andreas: Die städtische Verbrennungsanstalt für Abfallstoffe am Bullerdeich in Hamburg, 2. Aufl., Braunschweig 1901.

Mohajeri, Shahrooz: 100 Jahre Berliner Wasserversorgung und Abwasserentsorgung 1840–1940, Stuttgart 2005 (= Blickwechsel 2).

Münch, Peter: Stadthygiene im 19. und 20. Jahrhundert, Göttingen 1993 (= Schriftenreihe der Historischen Kommission bei der Bayrischen Akademie der Wissenschaften 49).

Nussbaum, Christian: Erbauung einer Verbrennungsanstalt für Abfallstoffe in Hamburg, in: Hamburger Nachrichten vom 7. November 1892. Abgedruckt in: Gesundheits-Ingenieur 16 (1893), S. 58-60.

Ohne Autor: Bericht der XIV. Versammlung des Deutschen Vereins für Öffentliche Gesundheitspflege zu Frankfurt am Main, in: Zeitschrift für Öffentliche Gesundheitspflege 21 (1889), S. 204-262.

Ohne Autor: Mitteilung über die Müllverbrennungsanlage in Amsterdam, in: Gesundheits-Ingenieur 37 (1914), S. 421.

Ohne Autor: Mitteilung über Lagerung und Wegschaffung des Hausunrats in München, in: Gesundheits-Ingenieur 23 (1900), S. 76-77.

Ohne Autor: Mitteilung über die Müllverwertung der Städte Augsburg und München, in: Gesundheits-Ingenieur 30 (1907), S. 688.

Ohne Autor: Müllbeseitigung und Müllverwertung. XXX. Versammlung des Deutschen Vereins für Öffentliche Gesundheitspflege zu Mannheim, in: Gesundheits-Ingenieur 38 (1906), S. 147-256.

Pöpel, Max: Die Nutzbarmachung der menschlichen Abfallstoffe, in: Zeitschrift für technischen Fortschritt 1 (1916), S. 188-190.

Radkau, Joachim: Holz – wie ein Naturstoff Geschichte schreibt, München 2007.

Rees, William; Wackernagel, Mathis: Unser ökologischer Fußabdruck, Basel 1997.

Reincke, J.; Meyer, Franz Andreas: Beseitigung des Kehrichts und anderer städtischer Abfälle, besonders durch Verbrennung, in: Deutsche Vierteljahresschrift für Öffentliche Gesundheitspflege 27 (1895).

Reith, Reinhold: Nachhaltigkeit, in: Enzyklopädie der Neuzeit, Bd. 8, Stuttgart 2008, Sp. 1009-1012.

Richter, E.: Strassenhygiene, in: Weyl, Theodor: Handbuch der Hygiene, Zweiter Band, Zweite Abteilung, Zweite Lieferung, Jena 1894, S. 149-232.

Roechling, H. Alfred: Der gegenwärtige Stand der Verbrennung des Hausmülls in englischen Städten, in: Gesundheits-Ingenieur 16 (1893), S. 600-609.

Röhrecke, Bruno: Müllabfuhr und Müllbeseitigung. Ein Beitrag zur Städtehygiene unter Benutzung meist amtlicher Quellen, Berlin 1901.

Rüb, Renate: Müll und Stadthygiene um 1900. Über Entstehung und Entsorgung eines neuen Problems, in: Köstering, Susanne; Rüb, Renate: Müll von gestern? Eine umweltgeschichtliche Erkundung in Berlin und Brandenburg, Münster [u. a.] 2003 (= Cottbuser Studien zur Geschichte von Technik, Arbeit und Umwelt 20), S. 19-29.

Rüb, Renate: Grenzen eines tradierten Systems. Vier Jahrzehnte Mülldüngung bei Nauen, in: Köstering, Susanne; Rüb, Renate: Müll von gestern? Eine umweltgeschichtliche Erkundung in Berlin und Brandenburg, Münster (u. a.) 2003 (= Cottbuser Studien zur Geschichte von Technik, Arbeit und Umwelt), S. 87-100.

Scola, Roger: Feeding the Victorian City. The food supply of Manchester 1770-1870, Manchester 1992.

Schramm, Engelbert: Zu einer Umweltgeschichte des Bodens, in: Brüggemeier, Franz-Josef; Rommelspacher, Thomas: Besiegte Natur. Geschichte der Umwelt im 19. und 20. Jahrhundert, München 1987, S. 86-106.

Silberschmidt, W.: Müll (mit Hauskehricht), in: Weyls Handbuch der Hygiene, II. Bd., 4. Abt., 2. Aufl., Leipzig 1918, S. 575-714.

Sperhacke, Bernhard: Wirtschaftlichkeitsfragen bei der Ansammlung und Abfuhr des Hausmülls, besonders hinsichtlich der zu wählenden Abfuhrsysteme, Leipzig 1913.

Stadtreinigung Hamburg: 100 Jahre Müllverbrennung in Hamburg 1896–1996, Hamburg 1996.

Teuteberg, Hans J.; Wiegelmann, Günter: Der Wandel der Nahrungsgewohnheiten unter dem Einfluß der Industrialisierung, Göttingen 1972.

Thiesing, Hans: Beseitigung der festen Abfallstoffe, in: Rubner, M. (u. a.): Handbuch der Hygiene, Leipzig 1927, S. 772-806.

Thiesing, Hans: Müllverwertung, insbesondere nach dem Dreiteilungsverfahren. Vortrag, gehalten am 8. November 1905 in der Versammlung der Fachgruppe für Gesundheitstechnik des Österreichischen Ingenieur- und Architektenvereins zu Wien, in: Gesundheits-Ingenieur 29 (1906), Nr. 1, S. 7-10 und Nr. 2, S. 23-26.

Thünen, Johann Heinrich von; Lehmann, Hermann (Hrsg.): Der isolierte Staat in Beziehung auf Landwirtschaft und Sozialökonomie, Berlin 1990.

Uekötter, Frank: Umweltgeschichte im 19. und 20. Jahrhundert, München 2007 (= Enzyklopädie Deutscher Geschichte 81).

Vogel, Johann Heinrich: Die Verwertung der städtischen Abfallstoffe, Berlin 1896 (= Arbeiten der Deutschen Landwirtschafts-Gesellschaft 11).

Weyl, Theodor: Der Streit zwischen Berlin und Fürstenwalde um den Abladeplatz bei Spreenhagen, in: Gesundheits-Ingenieur 25 (1905), Nr. 26, S. 437–440.

Weyl, Theodor: Bemerkungen über den Stand der Müllbeseitigung, mit besonderer Rücksicht auf die Sortieranstalten, in: Ders.: Fortschritte der Strassenhygiene, Erstes Heft, Jena 1901, S. 59–66.

Weyl, Theodor: Die Sortieranstalt Müllverwertung München G.m.b.H. zu Puchheim, in: Ders.: Fortschritte der Strassenhygiene, Erstes Heft, Jena 1901, S. 51–58, hier S. 58.

Weyl, Theodor: Studien zur Strassenhygiene mit besonderer Berücksichtigung der Müllverbrennung. Reisebericht dem Magistrat der Stadt Berlin erstattet, mit dessen Genehmigung erweitert und veröffentlicht, Jena 1893.

Windmüller, Sonja: Die Kehrseite der Dinge. Müll, Abfall, Wegwerfen als kulturwissenschaftliches Problem, Münster 2004

Winiwarter, Verena: History of waste, in: Bisson, Katy: Waste in ecological economics, Cheltenham 2002, S. 38-54.

Winiwarter, Verena; Knoll, Martin: Umweltgeschichte. Eine Einführung, Köln 2007.

Wolff, Otto: Die feuerungstechnische Entwicklung der Müllverbrennungsöfen auf geschichtlicher Grundlage, in: Stadtverwaltung Düsseldorf (Hg.): Verhandlungen des ersten Kongresses für Städtewesen in Düsseldorf 1912, 2. Bd., Düsseldorf 1913, S. 58-69.

Wormer, Eberhard J.: Artikel: Max von Pettenkofer, in: NDB, Bd. 20, Berlin 2001, S. 271–273.

Wrede, Richard (Hg.): Das geistige Berlin, Bd. 3, Berlin 1898.

Zuckerkandl, Robert: Artikel: Thünen, Johann Heinrich von, in: ADB, Bd. 38, Leipzig 1894, S. 213–218.

Internetressourcen
www.digitalis.uni-koeln.de/Herrmannk/herrmannk4-13.pdf
http://www.berlin.de/ba-charlottenburg-wilmersdorf/bezirk/lexikon/buergermeisterportraits.html
http://db.saur.de/

Anhang

Bestandteile	Sommermüll (je 100kg in kg)	Wintermüll (je 100kg in kg)
Kohlenanteile	0,21	0,33
Coaks	1,32	1,36
Papier	5,97	2,74
Lumpen	1,57	0,87
Knochen	0,55	0,49
Holz	0,66	0,18
Fleisch- und Pflanzenteile	36,07	29,60
Schlacken	1,18	1,77
Weisglas	0,51	0,52
Buntglas	0,89	0,65
Eisen	0,20	0,19
Metall und Büchsen	0,49	1,14
Scherben	7,19	6,13
Feinmüll	43,19	54,03

Tabelle 1: Gesiebter Berliner Sommer- und Wintermüll des Jahres 1895. Daten nach Röhrecke, Müllabfuhr, S. 139.

Ortsregister

Personenregister